GOUVERNEMENT GÉNÉRAL

DE L'ALGÉRIE

PROGRAMME GÉNÉRAL

DU

REBOISEMENT

ALGER

IMPRIMERIE ADMINISTRATIVE GOJOSSO ET CIE, GALERIE DE LA POISSONNERIE

Imprimeurs du Gouvernement général

PROGRAMME GÉNÉRAL

DU

REBOISEMENT

GOUVERNEMENT GÉNÉRAL

DE L'ALGÉRIE

PROGRAMME GÉNÉRAL

DU

REBOISEMENT

ALGER

IMPRIMERIE ADMINISTRATIVE GOJOSSO ET CIE. GALERIE DE L'EXPOSITION

Imprimeur du Gouvernement général.

1884

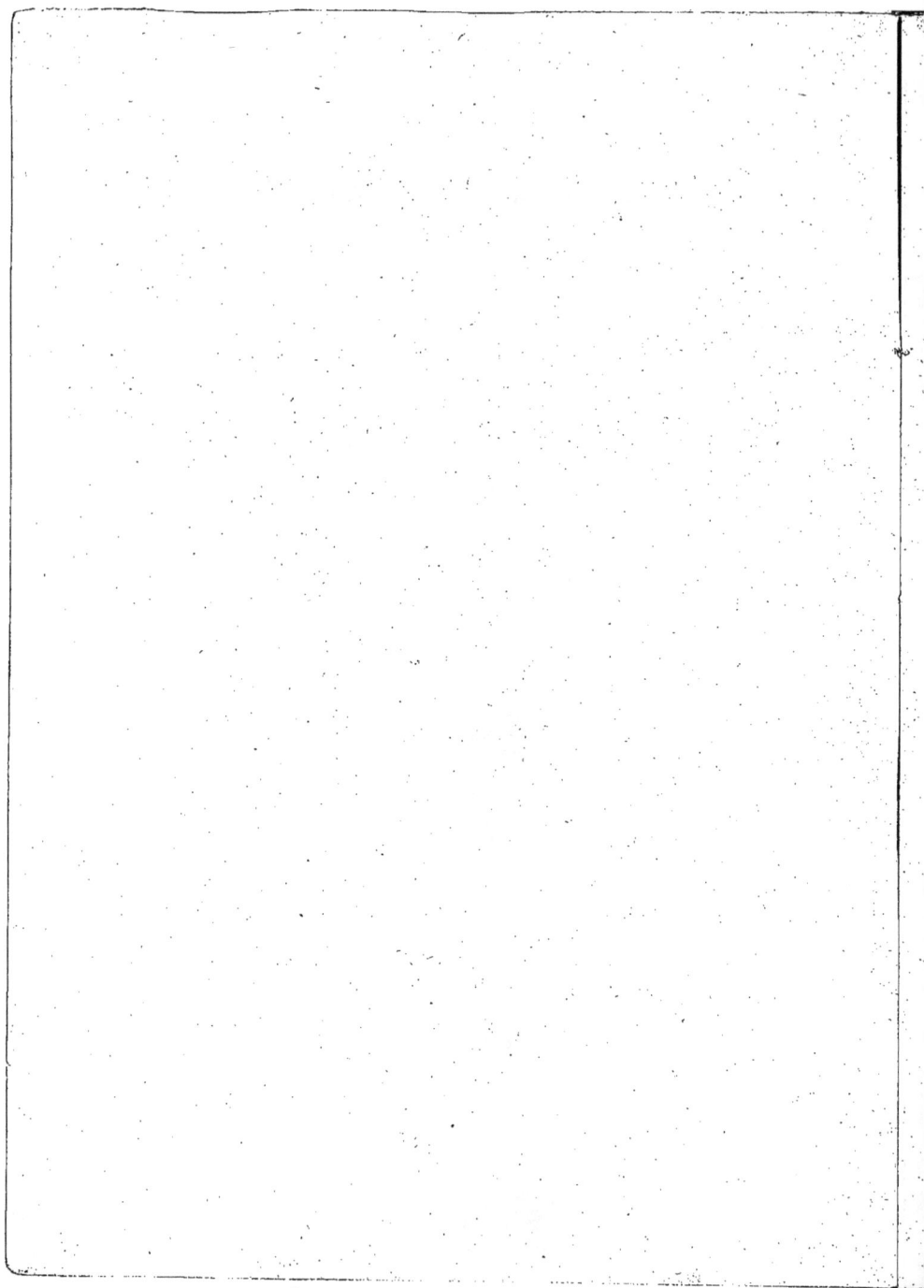

GOUVERNEMENT GÉNÉRAL DE L'ALGÉRIE

INSTRUCTIONS

DU GOUVERNEUR GÉNÉRAL

Alger, le 7 février 1884.

MONSIEUR LE CONSERVATEUR,

La question du reboisement qui préoccupe à un si haut degré l'opinion publique en Algérie s'est posée depuis longtemps dans la métropole ; elle y a fait l'objet d'une série d'actes législatifs dont le dernier porte la date du 4 avril 1882.

Vous savez que le but poursuivi en France a été constamment de prévenir les inondations qui dévastent périodiquement les pays de plaine et d'éteindre dans la montagne les torrents qui désolent les cantons riverains.

En Algérie, l'objectif n'est pas le même ; il s'agit ici d'emmagasiner les eaux de pluie, de régulariser le débit des sources et des cours d'eau, d'opposer une barrière aux vents du Sud, enfin de tempérer les ardeurs d'un climat brûlant.

Les reboisements en Algérie doivent donc être conçus dans la pensée de donner au pays les eaux qui lui manquent en été ; la nécessité de ces travaux s'impose par conséquent plus encore, et, d'une manière plus générale, dans la colonie que dans la métropole.

Pénétré de ce besoin, je me suis proposé de réunir, dans un travail d'ensemble, les divers éléments qui permettront de se rendre un compte aussi exact que possible de l'importance de l'entreprise et de dresser de la sorte un programme général des reboisements.

Un premier examen de la question m'a donné lieu de penser qu'il convenait de tenir compte des grandes divisions naturelles du pays, en s'occupant d'abord du versant méditerranéen, de la région intermédiaire ou des chotts ensuite et, en dernier lieu, des versants sahariens.

Versants méditerranéens. — Dans cette région où s'exerce principalement l'activité européenne, où l'agriculture tend de plus en plus à tirer parti de toutes les terres, l'œuvre à entreprendre doit s'étendre à l'ensemble du territoire ; et, pour atteindre ce résultat, il faudra évidemment que chaque bassin (bassin principal avec ses bassins secondaires) fasse l'objet d'un travail particulier.

Les études à exécuter dans chacun de ces bassins consisteront à reconnaître, d'une part, les terrains déjà boisés, et d'autre part, ceux dont la conversion en nature de bois sera jugée nécessaire.

En réalité, votre service n'aura guère à s'occuper que des régions élevées et surtout des crêtes ; dans ces parties, les opérateurs auront à porter leurs investigations sur les terrains dont la dégradation exige la restauration ; sur ceux dont la mise en culture ou la dénudation compromettrait, en raison de la déclivité du sol, le maintien des terres ; sur ceux enfin dont la conservation à l'état boisé ou le reboisement est indispensable pour assurer l'existence des sources et la défense du sol contre les érosions des cours d'eau. En un mot, les agents opérateurs auront à s'inspirer pour l'accomplissement de leur mission des diverses circonstances visées dans l'article 220 du Code forestier.

Il devra être dressé, pour chaque bassin, une carte ou pour mieux dire, un croquis à l'échelle de $\frac{1}{40.000}$. Ce croquis présentera l'aspect du relief, les cotes d'altitude et mentionnera par des teintes conventionnelles la nature de la propriété et la qualité du propriétaire des terrains compris dans la zone forestière à constituer.

Ces teintes conventionnelles seront les suivantes :

Verte. — Pour les terrains appartenant à l'État, avec *liseré vert foncé* pour ceux qui sont régulièrement soumis au régime forestier.

Jaune. — Pour les terrains appartenant aux communes ou tribus, avec *liseré vert* pour ceux qui sont soumis au régime forestier.

Rose. — Pour les terrains appartenant aux particuliers, avec *liseré vert* pour les terres incultes frappées de l'interdiction du défrichement.

Lorsque les parcelles seront déjà boisées en tout ou en partie, la teinte plate du fond sera recouverte par de petites *taches vertes* plus ou moins rapprochées, suivant la densité du peuplement.

Le croquis de chaque bassin sera accompagné d'un état dont le modèle est ci-joint (N° 1).

En outre, une notice sous forme de rapport sera fournie par l'agent opérateur, à l'appui de son travail. Cette notice contiendra, en dehors de la question principale du reboisement, des considérations générales sur l'avenir agricole et industriel du bassin, sur la valeur vénale des terres dans les différentes parties, sur la structure du pays, la nature du sol et du sous-sol, sur l'altitude des plaines et des massifs montagneux, sur les températures extrêmes, sur le débit des sources et cours d'eau aux diverses époques de l'année.

On pourra consulter utilement, pour ces divers renseignements, la carte géologique dressée par le Service des Mines, le récent travail du Service des Ponts et Chaussées sur l'aménagement et l'utilisation des cours d'eau, étude faite précisément par bassin ; et, enfin, les cartes si complètes de l'Etat-Major.

Dans ces conditions, la production des documents réclamés semble pouvoir s'effectuer dans un délai relativement assez court. J'ai l'honneur de vous prier de vouloir bien ne rien négliger pour obtenir ce résultat.

D'autre part, et en vue de la promulgation éventuelle en Algérie de la loi du 4 avril 1882, les agents chargés des études dont il vient d'être question relèveront les terrains en montagne qui, par leur état de dégradation, paraissent susceptibles de tomber sous l'application de cette loi. Ces terrains seront classés en deux catégories ; la première comprenant ceux pour lesquels des travaux de restauration seraient nécessaires (titre 1er de la loi) ; la seconde visant ceux dont l'état de dégradation paraîtrait moins avancé et pour lesquels il suffirait de prendre des mesures de conservation (titre II de la loi).

Les résultats des études effectuées dans ce dernier ordre d'idées, études qui, il est bien entendu, ne comporteront pas la précision d'un projet définitif, seront résumés dans un tableau (mod. 2 ci-joint) établi également par bassin, et serviront à faire apprécier, d'une manière tangible, s'il est utile ou non de demander la promulgation en Algérie de la législation spéciale du 4 avril 1882.

Région intermédiaire ou des Chotts. — Dans cette région où la culture n'a pu prendre que peu de développement, où les indigènes, à peu près les seuls habitants, s'adonnent presque exclusivement à l'élève du bétail, l'œuvre du reboisement doit être poursuivie moins dans le but de donner satisfaction aux intérêts immédiats de la contrée que dans celui de protéger le Tell, au moyen d'un épais rideau de forêts. La nature a, d'ailleurs, donné l'exemple. Si l'on jette les yeux sur la carte forestière de l'Algérie, on voit, en effet, que de l'Ouest à l'Est, existent déjà des boisements considérables situés sur les confins des Hauts-Plateaux.

Pour les études à entreprendre, on aura donc à se préoccuper avant tout de combler les vides survenus entre les massifs existants. Il n'y a pas, du reste, de règle absolue à tracer, et toute latitude semble devoir être laissée à l'opérateur.

Les forêts de cette région et les espaces à boiser devront être figurés sur une carte au $\frac{1}{40.000}$ les premières au moyen d'une *teinte verte*, les secondes par une *teinte jaune*. Un rapport d'ensemble complétera ces documents.

Versants sahariens. — Il n'est parlé ici que, pour mémoire, des immenses étendues situées dans le Sud. Le Service des Forêts qui n'y est pas encore installé, aura plus tard, sans doute, une œuvre considérable à y accomplir. Il ne s'agira pas, dans ces pays peu accidentés, de restaurer des terrains en montagne, mais il faudra y créer des boisements destinés à combattre la sécheresse du sol. Ce sont là les travaux de l'avenir. En attendant, l'Autorité militaire exécute, dans ces régions reculées, des études remarquables et fait les plus louables efforts pour y constituer des plantations sur divers points.

Dans la présente circulaire, je me suis efforcé d'indiquer les grandes lignes à suivre, sans entrer trop avant dans les détails d'exécution. Vous aurez à régler la marche des travaux et à donner aux agents toutes instructions que vous jugerez utiles.

Vous saurez donner, j'en suis assuré, une vive impulsion aux opérations et je suis convaincu, d'autre part, que les agents sous vos ordres mettront leurs connaissances spéciales, tout leur zèle et leur dévouement au service d'une œuvre du succès de laquelle dépend grandement la prospérité de l'Algérie.

Veuillez agréer, etc.

Le Gouverneur Général,

TIRMAN.

RAPPORT DE LA CONSERVATION

D'ALGER

UTILITÉ DES FORÊTS.

Les forêts constituent des richesses sociales dont la conservation est, à juste titre, l'objet de tous les soins des gouvernements éclairés.

Elles contribuent à fournir aux Sociétés les matières premières nécessaires pour créer et transporter les produits de l'industrie humaine et renferment, en outre, une source très-importante de travail mécanique.

Si, en effet, les radiations solaires sont utilisées dans la végétation des plantes herbacées pour fournir aux animaux les matériaux qu'ils brûlent et dont ils utilisent la force vive dégagée dans cette oxydation, il ne faut pas oublier qu'elles sont également emmagasinées par les arbres qui les restituent ensuite sous forme de combustible.

L'utilité des forêts, dans l'économie générale de notre planète, s'accroît encore si l'on tient compte de leur influence sur les conditions physiques des régions qu'elles occupent. Par leur intermédiaire, l'eau et la chaleur sont distribuées normalement et elles permettent de compter sur des récoltes annuelles régulières ; sans elles, toute culture devient aléatoire.

Laissant de côté l'action immédiate des forêts sur la production de la pluie utilisable, action qui semble pouvoir être négligée (1), il suffit de rappeler qu'en empêchant les eaux météoriques d'arriver directement au sol et en retardant leur écoulement, elles préviennent le ravinement des pentes, qu'elles retiennent ces eaux en augmentant la perméabilité et la faculté d'absorption

_____

(1) Sorell et Cezanne. *Etudes sur les torrents des Hautes-Alpes.*

de la terre végétale et en portant obstacle à l'évaporation, qu'elles en régularisent la distribution et qu'elles favorisent ainsi l'alimentation des sources et des cours d'eau.

En outre, elles ont pour effet de rapprocher les limites supérieure et inférieure de la température et d'abaisser un peu la température moyenne de la couche atmosphérique qui les enveloppe (1).

Enfin, les arbres servent à maintenir les terres sur les pentes des montagnes, ainsi que sur les bords des cours d'eau et, dans certains cas, protègent les cultures contre les vents dangereux et les abritent partiellement contre les rayons d'un soleil trop ardent.

Il faut ajouter que les feuilles des arbres, ainsi qu'il a été dit ci-dessus, partagent avec les parties vertes des autres plantes la propriété de décomposer, sous l'influence de la lumière, l'acide carbonique résultant des combustions de toute nature qui se produisent à la surface de la terre et de maintenir ainsi constante la composition de l'atmosphère : cette action de réduction dépassant de beaucoup en intensité le phénomène inverse d'oxydation qui a lieu dans l'obscurité.

De même aussi que les autres végétaux, les arbres puisent dans le sol et dépensent annuellement par voie de transpiration, sous l'influence de la lumière, un poids bien supérieur au poids de leur accroissement annuel (2) ; cette fonction spéciale a pour effet d'augmenter la tension de la vapeur d'eau contenue dans l'air.

DISTINCTION ENTRE LES FORÊTS ET LES AGGLOMÉRATIONS D'ARBRES.

Il est important de ne pas oublier qu'une forêt n'est pas seulement une agglomération de végétaux, mais un véritable organisme comprenant comme parties constituantes ses arbres, son atmosphère, sa végétation inférieure et son sol (3). Dans l'action hydrologique des massifs boisés, le sol et la végétation inférieure qui le recouvre immédiatement jouent un rôle des plus importants en retenant les eaux atmosphériques.

Le terreau, la mousse.... forment une masse spongieuse dont le pouvoir absorbant est réellement merveilleux (4). Ainsi, tandis que le terreau absorbe 190 0/0 de son poids d'eau, la terre arable n'en retient que 50 0/0 et le sable silicieux 25 0/0 seulement (5). Si on ajoute à cela que sous un massif com-

(1) A. Mathieu, ancien sous-directeur de l'École forestière. *Observations météorologiques dans la forêt de Haye.* — Fautrat, inspecteur des forêts. *Observations météorologiques dans les forêts d'Halatte.*

(2) P. Dehérain, professeur à l'École de Grignon. *Cours de chimie agricole.*

(3) (4) Baden Powel. *Les forêts de la Birmanie anglaise.*

(5) P. Dehérain. *Cours de chimie agricole.* « 1 litre de terreau absorbe 0 k. 935 d'eau.

pacte l'évaporation est cinq fois moindre que sur un terrain découvert (1), on comprend aisément l'influence considérable qu'exercent sur l'alimentation des sources les forêts telles qu'elles viennent d'être définies.

L'effet mécanique des arbres est plus ou moins intense selon que le massif est plus ou moins complet, mais il se produit en toutes circonstances. Ainsi, un petit nombre d'arbres suffisent parfois pour fixer les rives d'un ruisseau, et des arbres en ligne forment des rideaux d'abri suffisants contre les vents. Quant aux arbres épars, ils sont surtout utiles par leur ombrage.

Dans tout ce qui va suivre, les collections d'arbres épars, disposés sur les bords des ruisseaux ou formant des rideaux d'abri, seront désignées sous le nom de plantations, le nom de boisement étant réservé pour indiquer la création d'un massif forestier. Cette expression de boisement paraît préférable à celle de reboisement qui présente l'inconvénient d'indiquer avec trop de précision l'état antérieur du sol.

SUR QUELS TERRAINS LES PLANTATIONS OU LES BOISEMENTS DOIVENT ÊTRE EFFECTUÉS.

On sait que deux volumes d'air, dont l'un est froid et l'autre chaud et humide donnent lieu, par leur mélange, à la précipitation aqueuse. Mais si l'on considère que dans l'atmosphère un tel mélange ne peut s'effectuer que difficilement, car, en pareil cas, l'air le plus froid plonge par dessous le plus chaud et le plus humide (2), on est conduit à regarder comme tout à fait secondaire et accidentelle cette cause de la formation des nuages.

Une cause beaucoup plus générale et dont rend compte immédiatement la théorie mécanique de la chaleur, consiste dans le mouvement ascendant d'une masse d'air renfermant une grande quantité de vapeur d'eau (3). Il en est ainsi, en particulier, lorsque les vents chauds et humides de la mer viennent se briser et s'élever contre les flancs d'une montagne. Ce courant aérien rencontre alors la basse température des localités élevées et surtout se refroidit par suite de la dilatation résultant de la diminution de pression ; il en résulte que la vapeur d'eau se condense et donne lieu à la production de nuages et de pluie.

C'est ainsi qu'à Valleraugue, petite ville située à 360m d'altitude, dans la vallée de l'Hérault et au pied de la montagne de l'Aigoual, la hauteur annuelle des pluies dépasse souvent 2 mètres, c'est-à-dire environ trois fois la hauteur observée à Montpellier.

Les montagnes ayant pour effet de refroidir les courants d'air humides et d'occasionner la condensation de la vapeur d'eau qu'ils renferment, les régions

---

(1) H. Faye, membre de l'Institut et du Bureau des longitudes. *Notice jointe à l'annuaire du bureau des longitudes pour l'année* 1884.

(2) Mahn. *Traité de Météorologie.*

(3) Observations de MM. Mathieu et Fautrat.

élevées deviennent des réservoirs d'eau perpétuels et cette eau descend ensuite pour arroser les vallées et les plaines (1).

Il faut ajouter, que lorsque ces montagnes sont dénudées, les eaux atmosphériques s'écoulent rapidement sur les pentes qu'elles dépouillent de leur terre végétale et, entraînant des matériaux de toute nature, elles forment des torrents qui menacent constamment les régions inférieures.

Il en est autrement, lorsque les massifs montagneux renferment une étendue suffisante couverte de forêts ; alors se forment réellement ces réservoirs naturels, dont il vient d'être question, qui règlent l'écoulement des eaux météoriques de manière à assurer le débit constant des sources et, par conséquent, l'alimentation régulière des ruisseaux et des rivières.

La plus grande quantité d'eau s'accumule donc d'abord dans les régions élevées et tend ensuite à se précipiter dans la mer par des pentes plus ou moins rapides. Il résulte de cette répartition des pluies, qu'en général les eaux atmosphériques se trouvent forcées de parcourir de grandes distances avant d'arriver à la mer et que, pendant ce trajet, à cause de la différence d'altitude des points de départ et d'arrivée, elles représentent une force vive, considérable, qui peut être utilisée sur tout leur parcours. L'importance de cette source de travail mécanique vient d'être encore augmentée depuis que le problème du transport de la force à distance a reçu une solution complètement satisfaisante.

En outre, en ce qui concerne l'agriculture, cette distribution des pluies est bien préférable à une répartition aux surfaces, car elle permet, au moyen de canaux d'irrigation, de conduire l'eau aux diverses cultures en temps utile et en quantité déterminée.

Enfin, par suite de la régularité dans l'alimentation des cours d'eau, l'évaporation se produit d'une façon continue pendant l'été. C'est ainsi qu'à une grande distance de leur emplacement, les forêts exercent une influence certaine sur un élément météorologique important, la tension de la vapeur d'eau contenue dans l'air, et comme il suffit qu'un élément varie pour que tous les autres soient atteints, il s'ensuit que le climat (2) lui-même est affecté par cette action indirecte des massifs boisés.

Bien que cette influence des forêts sur les climats ne paraisse pas avoir été étudiée jusqu'à ce jour, il faut néanmoins en tenir compte dans une certaine mesure. Il convient, toutefois, de ne pas en exagérer l'importance, car, d'après l'observation des faits existants, les relations de cause à effet semblent devoir être attribuées surtout aux climats à l'égard des forêts.

Il résulte de ce qui précède que les terrains qui doivent, de préférence, être couverts d'une végétation forestière sont les pentes et les vallées tour-

(1) Lyell. *Principes de Géologie.*
(2) « L'ensemble des valeurs moyennes et des états de tous les éléments météorologiques est ce qu'on nomme le climat d'un lieu. » Mahn. *Traité de Météorologie.*

nées vers la partie de l'horizon d'où viennent habituellement les pluies (1).

Lorsque cette condition est remplie, les cours d'eau persistent pendant toute l'année. Ils peuvent dès lors être utilisés parfois comme voies de transport et constituent, en outre, une source inépuisable de travail mécanique pour l'industrie, et de fécondité pour l'agriculture ; enfin, ils fournissent de la vapeur d'eau à l'atmosphère d'une manière continue.

Il est une autre classe de terrains dont la destination naturelle est d'être boisés ; ce sont ceux qui, à cause de leur inclinaison ou de la nature de leur sol, ne sont pas susceptibles d'être mis en valeur par les procédés ordinaires de la culture.

En sylviculture, en effet, la nature du sol est d'une importance tout à fait accessoire, car il y a des arbres pour tous les terrains, même pour les plus ingrats (2).

Ce procédé de mise en valeur des terres incultes par le boisement convient aux particuliers, aux communes et aux sociétés financières. Les forêts sont, en effet, des caisses d'épargne, et certaines sociétés qui immobilisent une partie de leurs capitaux dans des constructions pourraient souvent les employer d'une manière plus profitable en créant des bois (3). Pour les communes, le boisement d'une certaine étendue de terres incultes, à proximité des centres, peut constituer une spéculation avantageuse et en même temps une opération utile dans l'intérêt du développement de la colonisation. Toutefois, on doit éviter de créer, dans le voisinage immédiat des habitations, des massifs assez compactés pour arrêter les vents dominants, dont le libre essor paraît être une condition essentielle de la salubrité dans les climats chauds (4).

Quant aux plantations d'arbres épars, elles sont toujours utiles, sans jamais pouvoir devenir nuisibles ; enfin, les agriculteurs ont tout intérêt à établir des rideaux d'abri pour protéger les récoltes contre les vents nuisibles et à fixer au moyen de la végétation ligneuse les berges des ruisseaux qui traversent leurs propriétés.

INTERVENTION DE L'ÉTAT EN CE QUI CONCERNE LES FORÊTS.

Il résulte d'un principe bien connu d'économie politique que les gouvernements ne peuvent se mêler avantageusement de la production (5).

Il faut cependant admettre une exception en ce qui concerne les forêts.

Le régime de la futaie procure, il est vrai, le maximum de revenu, mais il

---

(1) Ch. Martins. *Application de la Météorologie à la sylviculture.*

(2) Lesbazeilles. *Les Forêts.*

(3) Risler, Directeur de l'Institut national agronomique. *La Géologie et l'Agriculture.*

(4) R. Radau. *Le Rôle des vents dans les climats chauds.*

(5) J.-B. Say. *Traité d'économie politique.*

correspond à la rente minima et ne saurait, par conséquent, convenir aux particuliers. Il est dès lors utile à l'intérêt général que l'Etat possède une certaine étendue de forêts, de manière à pouvoir fournir à l'industrie, en quantité suffisante, des bois assez âgés pour avoir atteint de fortes dimensions et en même temps toute la qualité qu'ils sont susceptibles d'acquérir.

Cette intervention de l'Etat se justifie bien plus encore, lorsqu'il s'agit de forêts qui, par leur situation, exercent une influence prépondérante sur le régime des eaux ; la conservation et, au besoin, la création de tels massifs peuvent être mises au rang des dépenses sociales les mieux entendues. Ce sont des travaux dont le pays tout entier recueille les fruits et dont ni les particuliers ni même les communes ne pourraient supporter les frais.

Il est encore une autre classe de travaux présentant les caractères d'une œuvre de véritable utilité publique. Il s'agit des essais qui, en sylviculture, consistent en des tentatives ayant pour objet d'introduire de nouveaux végétaux et de nouveaux procédés de culture. Ces essais devant profiter au public, il est équitable qu'il en supporte les frais, c'est-à-dire que ces tentatives soient effectuées et payées par le Gouvernement, ordonnateur de la fortune publique (1). Ces expériences, d'ailleurs, sont en général de longue durée, ce qui est un obstacle pour les particuliers et une cause de dépenses qu'ils ne pourraient supporter le plus souvent. Il faut, en outre, remarquer que, dans ces essais, il ne s'agit pas de production proprement dite, il s'agit de multiplier les moyens de produire (2).

La mise en valeur des terres incultes par le boisement doit être, conformément au principe qui vient d'être rappelé, abandonnée aux propriétaires de ces terrains, sociétés, communes ou particuliers, qui ont tout intérêt à en tirer parti. Toutefois, l'Etat peut s'occuper des travaux à effectuer à proximité des centres importants et, par conséquent, intéressant une fraction suffisante de la population.

Quant aux plantations, il n'est pas possible de leur attribuer en général le caractère de travaux d'utilité publique, et les gouvernements n'ont pas à s'occuper de leur exécution.

Il faut pourtant reconnaître que les plantations et la mise en valeur des terres incultes par le boisement sont des opérations fructueuses surtout pour les propriétaires du sol, mais utiles aussi pour l'intérêt général, quoique dans une moindre mesure.

Il y a donc lieu pour l'Etat d'intervenir dans ces opérations, cette intervention consistant dans les essais dont il vient d'être question et dans la délivrance de récompenses, de primes et de subventions aux propriétaires qui s'occupent de ces utiles travaux.

---

(1),-(2) J.-B. Say. *Traité d'économie politique.*

DIVISION DU DÉPARTEMENT D'ALGER EN DEUX RÉGIONS.

Il suffit de jeter les yeux sur une carte du département d'Alger pour être conduit immédiatement à en diviser le territoire en deux parties distinctes : la région des bassins des cours d'eau qui se rendent dans la Méditerranée et la région des bassins intérieurs, ou plus simplement, la région Nord et la région Sud.

Bien que la source du Chélif se trouve dans le Djebel-Amour, au Nord-Ouest de Laghouat, on peut néanmoins rattacher à la région Sud toute la partie supérieure du bassin de ce cours d'eau, située au sud de la trouée de Boghari, par laquelle il pénètre dans le Tell. En faisant abstraction de cette coupure, la région Nord est séparée de la région Sud par une suite de lignes de faîte limitant les bassins du Sahel, de l'Isser, du Mazafran et du Chélif inférieur.

Une conséquence de cette disposition topographique est que les deux régions doivent présenter des caractères entièrement différents, car, suivant une observation déjà ancienne, ce ne sont pas les cours d'eau mais les lignes de faîte qui forment les limites naturelles.

Il y a là une cause constante qui a dû établir, de tout temps, une certaine séparation entre le Nord et le Sud ; les climats sont, en effet, différents et les mœurs des indigènes présentent des différences en rapport avec celles des climats.

Lorsqu'un courant d'air venant de la mer et chargé de vapeur d'eau vient frapper la limite méridionale du bassin d'un cours d'eau méditerranéen, il se refroidit en s'élevant sur les flancs de la montagne, et ce refroidissement donne lieu à la précipitation aqueuse. Si ce courant dépend d'un minimum barométrique situé au sud de la ligne de faîte, il franchit complètement la chaîne de montagnes, puis descend sur le versant méridional et s'échauffe dans ce mouvement descendant.

La région Sud est donc parcourue en général par des vents chauds et secs, et il en résulte un climat différent de celui de la région Nord ; il suffit, pour préciser cette différence, de rappeler que la hauteur annuelle de pluie dans le Sud est le tiers environ de celle que l'on observe dans le Tell.

La configuration générale du terrain n'est pas non plus la même dans le Sud que dans le Nord. Au lieu de cet amas de montagnes qui a fait donner au Nord le nom de Tell, on rencontre dans le Sud d'immenses plaines qui doivent à leur végétation et à leur aspect le nom de steppes (1) ; ces plaines sont traversées de l'Est à l'Ouest par plusieurs chaînes de montagnes dont la principale est celle qui s'étend de Zenina à Bou-Sâada.

Cette division en deux régions se motive en outre par ce fait que l'activité européenne est actuellement concentrée presqu'entièrement dans le Tell et que, selon toute probabilité, il en sera ainsi pendant un certain temps encore.

---

(1) Mac Carthy. *Géographie de l'Algérie.*

RÉGION NORD.

Si l'on considère les dernières ramifications des principaux cours d'eau et de leurs affluents, on voit que dans la région Nord, ainsi que l'indique la carte orographique et forestière du département d'Alger, les bassins de réception des eaux météoriques sont très nombreux et, par conséquent, peu étendus. Il en résulte que les dégâts causés par ces eaux sont peu à redouter.

On ne rencontre pas, comme dans les Alpes françaises, des étendues considérables de terres noires marneuses ou de drift glaciaire sans consistance, où les torrents creusent leur lit et produisent des glissements qui s'étendent parfois à mille mètres de distance de leurs berges (1). Nulle part, non plus, on n'observe des amas de matériaux transportés par les pluies d'orage aussi puissants que ceux que l'on rencontre dans les Alpes où ils recouvrent dans le fond des vallées les terres de culture et menacent quelquefois l'existence des villages eux-mêmes.

Toutefois, les versants du Tell ne sont pas absolument stables, et, dans le bassin de l'Isser en particulier, les eaux pluviales détrempent les terres argilo-calcaires et donnent lieu, parfois, à des éboulements qui peuvent rendre momentanément dangereuse la circulation sur les voies de communication (2), mais ces dégâts ne présentent pas une intensité telle qu'il paraisse nécessaire de les prévenir par de grands travaux de boisement.

Très souvent, d'ailleurs, les ravins et les éboulements partiels abandonnés à eux-mêmes se couvrent naturellement de broussailles ; c'est ainsi qu'entre Palestro et Thiers les terrains de la rive gauche de l'Isser présentent l'aspect de périmètres de reboisement fixés par la végétation ligneuse.

Il faut donc surtout avoir en vue, dans la région Nord, l'influence des forêts sur l'utilisation des eaux météoriques.

Les renseignements statistiques qui suivent, sont établis par bassin, mais en ne tenant compte que des cours d'eau les plus importants, le Sebaou, le Sahel, l'Isser, le Mazafran et le Chélif; la vue de la carte indique immédiatement les bassins accessoires qui sont rattachés à ceux qui précèdent.

BASSIN DU SEBAOU.

On a vu plus haut que les parties boisées doivent se trouver surtout sur les versants et au pied des versants exposés aux vents venant de la mer, c'est-à-dire dans le voisinage des limites des bassins. La carte forestière indique que cette condition est remplie pour les cinq divisions principales qui viennent d'être établies. Les plus grandes masses de forêts domaniales, communales ou

---

(1) P. Demontzey, Inspecteur général des Forêts. *Traité du reboisement des montagnes.*

(2) On rencontre aussi des glissements dans le massif de l'Ouarsenis.

particulières sont distribuées sur le pourtour des bassins et celles qui sont situées dans l'intérieur occupent des hauteurs, de sorte qu'elles remplissent toutes un rôle utile en ce qui concerne le régime des eaux.

On rencontre au fond des vallées du bassin du Sebaou des terres parfaites (1), puis, en s'éloignant des cours d'eau, des terres argilo-calcaires ou argilo-sableuses. Les terres sablo-argileuses et les terres sableuses, moins développées que les précédentes, forment le sol des forêts dont le chêne-liége est l'essence dominante.

L'étendue totale du bassin est de 279,920 hectares ; les forêts domaniales y recouvrent une superficie de 22,408 hectares et les forêts communales une superficie de 361 hectares. La contenance totale des forêts soumises au régime forestier est donc de 22,769 hectares, d'où résulte un degré relatif de boisement de 8, 1 0/0.

Les essences principales sont le chêne-liége, le chêne-zéen, le chêne-yeuse et le cèdre.

Les bois particuliers sont peu importants, mais on rencontre des étendues considérables, que l'on peut évaluer à 60,000 hectares au moins, de plantations kabyles (olivier, figuier, frêne...) qui présentent là densité de véritables peuplements forestiers.

Le bassin est limité au Sud par la chaîne du Djurdjura qui atteint et même dépasse parfois la hauteur de 2,000 mètres. Les plantations kabyles s'étendent sur le versant Nord jusqu'à une certaine hauteur, mais la partie supérieure est occupée par de puissantes assises de calcaire nummulitique qui n'offrent pour toute végétation que quelques arbustes et quelques cèdres épars qui sont parvenus à croître dans les interstices de la roche. Parfois, cependant, la crête est couronnée par un massif à peu près compacte de cèdres ; ces arbres sont, dans ce cas, le prolongement des forêts qui occupent le versant Sud. Les sources sont nombreuses, ce qui résulte de la présence d'une assez grande étendue de terrains peu perméables et leur débit est à peu près régulier à cause de la très grande quantité d'arbres qui couvrent le sol. Aussi toute cette région possède une population indigène beaucoup plus dense que le reste du département.

BASSIN DU SAHEL.

La partie du bassin du Sahel qui se trouve dans le département d'Alger a une étendue de 256,970 hectares et renferme 107,588 hectares (2) de forêts domaniales, plus quelques bois particuliers peu importants ; les forêts domaniales occupent 41,9 0/0 de la superficie du bassin.

---

(1) On a adopté pour la désignation des terres la classification de M. Masure. Voir P. Dehérain. *Cours de chimie agricole.*

(2) 12,020 hectares environ ne sont pas soumis à l'action du service des forêts.

Les essences principales sont le pin d'Alep, le chêne-yeuse, le cèdre et le chêne-liège.

En outre des terres *parfaites*, qui se trouvent dans le fond des vallées, on rencontre des terres argilo-calcaires ou argileuses, plus rarement calcaires ou argilo-sableuses.

Les sources sont beaucoup moins nombreuses que dans le bassin du Sébaou, ce qui est une conséquence de la nature minéralogique des terrains, mais leur débit est assez régulier, à cause de la très grande étendue des forêts.

BASSIN DE L'ISSER.

La contenance du bassin de l'Isser est de 422,345 hectares. Il renferme 8,8 0/0 de forêts soumises au régime forestier, soit 37,289 hectares, dont 37,135 hectares de bois domaniaux et 154 hectares de bois communaux.

Les bois particuliers sont assez importants par leur étendue.

Les essences principales sont le pin d'Alep, le chêne-yeuse et le chêne-liège.

On rencontre, comme partout, des terres *parfaites* au fond des vallées, puis des terres calcaires, des terres argilo-calcaires, des terres argilo-sableuses et des terres sablo-argileuses.

Les sources sont moins nombreuses que dans le bassin du Sebaou, et il en est de même pour les bassins suivants :

BASSIN DU MAZAFRAN.

Sous le nom de bassin de Mazafran, on comprend l'ensemble des bassins qui s'étendent entre l'Isser, le Chélif et l'Oued-Hachem.

L'étendue de cette région est de 420,845 hectares, et elle renferme 25,870 hectares de forêts soumises au régime forestier, soit 6,1 0/0 de sa superficie totale. La contenance des forêts domaniales est de 18,835 hectares, et celle des forêts communales de 7,035 hectares.

Les forêts particulières occupent une étendue importante du territoire.

Les essences principales sont le pin d'Alep, le chêne-yeuse et le chêne-liège.

Les terres *parfaites* sont très développées ; à leur suite viennent des terres argilo-calcaires ou argilo-sableuses, plus rarement des terres calcaires, sablo-argileuses ou sableuses. On rencontre, sur le littoral, des dunes dont il serait utile de terminer le boisement.

BASSIN INFÉRIEUR DU CHÉLIF.

La partie du bassin inférieur du Chélif comprise dans le département d'Alger présente, avec les bassins moins importants qui s'y rattachent naturellement, une contenance de 1,244,650 hectares. Elle comprend 181,189 hectares de forêts soumises au régime forestier, dont 165,946 hectares de bois domaniaux et 15,243 hectares de bois communaux.

Le degré relatif de boisement qui en résulte est de 14,6 0/0.

Les forêts particulières occupent, en outre, une superficie assez considérable (1).

Les essences principales sont le pin d'Alep, le chêne-yeuse, le chêne-liège, le thuya, le cèdre et le chêne-zéen.

Les terres sont de même nature que dans le bassin précédent.

TRAVAUX A EFFECTUER DANS LA RÉGION NORD.

Il est assez difficile de décider si la région Nord a été autrefois beaucoup plus boisée qu'aujourd'hui. Cette région a été fréquemment le théâtre de troubles violents et de guerres de longue durée et l'on sait que, dans les climats tempérés de l'Europe, ces conditions sont favorables au développement des bois, à tel point que l'on a pu dire que pendant les périodes de luttes intérieures et d'invasions de l'ancienne France les forêts suivaient les armées (2). D'un autre côté, dans les pays méridionaux, les bois, dans lesquels dominent les essences résineuses, peuvent être facilement incendiés, et il paraît probable que les armées en campagne ont eu fréquemment recours à ce procédé pour détruire le refuge de leurs adversaires (3).

Mais, si l'on ne peut se prononcer sur les modifications de l'état boisé de l'Algérie avant l'occupation française, on ne peut avoir aucun doute sur le changement qui s'est produit depuis cette époque, surtout à proximité des centres importants, car c'est une tendance de la civilisation de faire disparaître les forêts (4) (5).

Le bois est, en effet, une matière première dont la production est incomparablement plus lente que la consommation, quand celle-ci n'est pas l'objet d'une surveillance attentive. Aussi voit-on habituellement les pays se dépeupler de forêts, à mesure qu'ils se peuplent d'habitants civilisés (6). Toutefois, on s'est bien vite rendu compte de l'utilité des massifs boisés et actuellement on conserve partout avec soin ceux qui ont été épargnés.

Cette destruction des forêts, dans la région nord du département d'Alger,

---

(1) La région agricole comprend l'étendue occupée par les terrains quaternaires et par les terres argilo-calcaires du terrain Helvétien. La région forestière est celle des terrains crétacés.

(2) A. Maury. *Les Forêts de la Gaule et de l'ancienne France.*

(3) P. Dehérain. *Cours de chimie agricole.*

(4) J. B. Say. *Traité d'économie politique.*

(5) Il faut ajouter que les indigènes chassés en partie des plaines par la colonisation ont défriché les montagnes.

(6) J. B. Say. *Traité d'économie politique.*

s'est produite surtout dans le voisinage des centres de population et des grandes voies de communication, mais pourtant l'étendue boisée actuelle n'est pas sans importance, ainsi que l'indique le tableau suivant qui résume les quelques renseignements statistiques donnés par bassin :

BASSINS		CONTENANCE		
DÉSIGNATION	SUPERFICIE	des forêts domaniales	des forêts communales	des forêts domaniales et communales
	Hectares	Hectares	Hectares	Hectares
Sébaou...............	279.920	22.408	361	22.769
Sahel...............	256.970	107.588	»	107.588
Isser...............	422.345	37.135	154	37.289
Mazafran...............	420.845	18.835	7.035	25.870
Chélif...............	1.244.650	165.946	15.243	181.189
TOTAUX........	2.624.730	351.912	22.793	374.705

En ajoutant les bois particuliers dont l'étendue est de 87.010 hectares (1), la superficie boisée totale de la région Nord est de 461.715 hectares correspondant à un degré relatif de boisement de 17.6 %, conformément au détail qui suit :

SUPERFICIE de la RÉGION NORD	DÉSIGNATION DES BOIS	CONTENANCES	DEGRÉ RELATIF de BOISEMENT
2.624.730 h.	Bois domaniaux...........	351.912 h.	13,4
	Bois communaux...........	22.793	0,9
	Bois particuliers..........	87.010	3,3
	TOTAUX...........	461.715 h.	17,6

Il faudrait, en outre, tenir compte des plantations kabyles, soit 60,000 hectares au moins, et d'une certaine étendue de massifs boisés désignés

(1) A. Combe, Conservateur des forêts. *Notice sur les forêts de l'Algérie.*

habituellement sous le nom de broussailles qui ne sont pas sans valeur en ce qui concerne le régime des eaux (1), mais dont la contenance est difficile à apprécier. Il paraît, d'ailleurs, préférable de négliger ces éléments de boisement, afin de se maintenir plutôt en deçà qu'au delà des chiffres exacts.

En France, où l'étendue totale du territoire est de 52,840,100 hectares (2), l'étendue des forêts de toute nature est de 9,401,079 hectares, dont 1,003,948 hectares de bois domaniaux, 1,967,049 hectares de bois communaux et 6,430,082 hectares de bois particuliers (3); ces résultats sont réunis ci-après dans un tableau analogue au précédent :

ÉTENDUE totale DU TERRITOIRE	DÉSIGNATION DES BOIS	CONTENANCES	DEGRÉ RELATIF de BOISEMENT
52.840.100 h	Bois domaniaux............	1.003.948 h.	1,9
	Bois communaux..........	1.967.049	3,7
	Bois particuliers	6.430.002	17,8
	Totaux..........	9.401.079	17,8

Il résulte de la comparaison des deux derniers tableaux que la région nord du département d'Alger est aussi boisée que le territoire de la métropole, et surtout que l'Etat y possède une étendue relative de forêts beaucoup plus considérable, 13, 4 0/0 au lieu de 1, 9 0/0.

Il est cependant certain que les cours d'eau de l'Algérie ont tous, plus ou moins, une allure torrentielle et que leur débit moyen est bien loin d'être, comme en France, compris entre le quart et la moitié du volume des pluies (4). Ainsi le débit de l'Habra, au barrage, est pendant l'été de 500 litres seulement, tandis qu'il atteint 3,000 litres en hiver (5).

Le Chéliff présente plus de régularité, car son débit, qui atteint au barrage 4,000 litres en hiver, ne descend qu'à 1,500 litres en été, mais le débit des crues varie de 400 mètres cubes à 1,100 mètres cubes (6). Bien que l'on ne puisse établir le rapport du débit moyen de ce cours d'eau au volume des

---

(1) A. Combe, Conservateur des forêts. *Notice sur les forêts de l'Algérie.*
(2) *Annuaire du bureau des longitudes*, pour l'année 1884.
(3) *Annuaire des eaux et forêts*, pour l'année 1884.
(4) (5) A. Debauve, ingénieur des ponts-et-chaussées. *Les eaux en agriculture.*
(6) A. Debauve. *Les eaux en agriculture.*

eaux météoriques (1), il est bien certain que ce débit n'est qu'une faible fraction de la quantité de pluie répartie sur toute l'étendue du bassin.

L'écoulement des eaux pluviales s'effectue donc très rapidement et la perte, résultant de l'évaporation, est considérable.

Ces conditions défavorables peuvent être attribuées au défaut d'ameublissement du sol et à la protection imparfaite que lui procurent les cultures indigènes contre les rayons du soleil. Il convient toutefois, à cet égard, d'établir une distinction entre le bassin du Sebaou et le reste de la région nord ; les nombreuses plantations kabyles ont certainement pour effet de diminuer l'évaporation et la généralisation de ce procédé de culture serait une amélioration désirable.

Quant aux forêts, elles ne présentent pas actuellement l'utilité qu'elles devraient avoir comme source d'arrosement. Elles devraient emmagasiner, puis distribuer, par l'intermédiaire des sources, une quantité d'eau suffisante pour fertiliser par l'irrigation une étendue de terres de culture égale environ à leur propre superficie.

Il est bien certain que ce résultat n'est pas atteint et que l'absence de terreau dans la plupart des forêts fait qu'elles contribuent dans une faible mesure à l'amélioration du régime des eaux. Trop souvent le sol est desséché, la base minéralogique se montre même quelquefois à découvert et l'écoulement des eaux atmosphériques s'effectue presque aussi rapidement que sur un terrain dénudé.

On peut attribuer cet état du sol des forêts à plusieurs causes, dont la plus importants consiste dans les incendies, qui ont pour effet de brûler entièrement et rapidement les débris organiques de toute nature qui couvrent le terrain ; les résidus de la combustion ne sont même pas utilisés dans ce cas, car la première pluie qui survient les entraîne dans les ravins et les ruisseaux. En outre, le pâturage excessif, l'enlèvement des perches par les usagers indigènes, incapables d'utiliser les bois de fortes dimensions, l'état de massif clair de la plupart des peuplements et enfin le couvert léger du pin d'Alep qui occupe un tiers environ de la superficie boisée sont autant de causes qui agissent dans le même sens que les incendies.

Mais il faut remarquer qu'aucune de ces causes n'est constante ; toutes sont fortuites et, en les signalant, on indique en même temps les moyens d'en combattre les effets.

Une surveillance efficace rendue possible par la construction de maisons forestières en nombre suffisant, la substitution de bois débités à la scie aux perches dans les délivrances usagères, la mise en valeur des vides existant dans les forêts (2), le remplacement des peuplements clairiérés par des peu-

---

(1) D'après les quelques données que l'on possède, ce rapport ne paraît pas dépasser 1/20°.

(2) Une pépinière est actuellement en voie d'installation dans le cantonnement de Teniet-el-Hâad, dans le but de repeupler les vides de la forêt des Cèdres.

plements complets et, dans certains cas, l'introduction par voie de mélange
d'essences à couvert épais auront pour effet d'améliorer, avec le temps, l'état
de choses actuel, en ce qui concerne les forêts soumises au régime forestier (1).

À ces travaux d'amélioration, on peut ajouter l'établissement de réseaux de
sentiers d'un mètre, et parfois de deux mètres de largeur en déblai. Ces sentiers, construits suivant une pente régulière, donneraient lieu à une très faible
dépense et auraient pour effet de faciliter considérablement la surveillance ;
ils pourraient être utilisés pour le transport à dos de mulet des produits des
exploitations, et en outre, en cas d'incendie, pourraient servir de défenses et
de bases d'appui pour les contre-feux. Enfin, plus tard, ils pourraient être
élargis et transformés en chemins accessibles aux charrettes ; ils donneraient alors aux produits des forêts une plus value élevée, dont profiteraient à
la fois le propriétaire, les entrepreneurs de l'exploitation et du transport et
les consommateurs (2).

Les forêts particulières présentant par leur situation autant d'importance
que les forêts soumises au régime forestier, il est indispensable d'en prévenir
la destruction. Leur conservation sera assurée, dans la limite du possible, par
un ensemble de mesures légales dont l'adoption vient d'être proposée (3).

Si l'on se reporte aux renseignements qui précèdent, on voit que, dans la
région Nord, l'État possède une superficie boisée égale à 43, 4 0/0 de la superficie totale du territoire ; en outre, ainsi que l'indique la carte, cette surface boisée se trouve répartie dans le voisinage des limites des bassins et occupe, par conséquent, la situation la plus avantageuse dans l'intérêt de l'alimentation des cours d'eau. Si jusqu'à présent un meilleur résultat n'a pas été
atteint, on doit l'attribuer bien moins à la quantité qu'à la qualité des forêts,
et c'est surtout ce dernier élément qu'il importe de modifier.

Il semble donc plus utile de concentrer les efforts du Service des Forêts sur
cette amélioration que de chercher à augmenter dans une proportion considérable le degré relatif de boisement en forêts domaniales. Les opérations à
entreprendre consisteraient alors dans l'exécution des travaux d'amélioration
indiqués ci-dessus et de boisements de terres incultes (4) à proximité des centres importants, analogues à ceux qui ont été effectués dans les environs
d'Alger et d'Orléansville.

---

(1) Il n'est pas fait mention des travaux de délimitation, car, indépendamment des
opérations effectuées par les Commissions chargées de l'application du Sénatus-
Consulte du 22 avril 1863, le Service des forêts a délimité et borné 170,000 hectares
environ. On peut donc prévoir que, dans un délai de trois ou quatre ans, ces travaux
seront à peu près terminés pour les bois actuellement soumis au régime forestier.

(2) J.-B. Say *Traité d'économie politique*.

(3) Une mesure utile consisterait dans l'acquisition par l'État des bois particuliers,
ainsi que des enclaves existant dans les forêts domaniales.

(4) Ces travaux, ainsi que les repeuplements de vides, permettraient d'effectuer les
essais mentionnés au quatrième paragraphe.

Il est toutefois incontestable que la mise en valeur par le boisement des terres impropres à la culture (1) et l'exécution de plantations étendues seraient des opérations très utiles, mais, ainsi qu'on l'a vu plus haut, la charge de ces travaux incombe aux propriétaires des terrains, sociétés, communes ou particuliers, sur lesquels ils doivent avoir lieu.

Outre que l'intervention directe de l'Etat serait contraire aux principes de l'économie politique, il convient que l'activité privée ne se désintéresse pas des travaux dont le profit n'est pas immédiat.

Cependant, afin de stimuler cette activité, il serait utile, comme cela a déjà eu lieu, d'encourager par des récompenses honorifiques et des primes l'exécution des boisements et des plantations, quelles que soient d'ailleurs les essences adoptées, ainsi que les créations de pépinières et les conversions de broussailles (2) en taillis.

Il y aurait lieu, en outre, de récompenser le bon entretien et la surveillance des bois particuliers.

Mais ces mesures paraissent insuffisantes en ce qui concerne les travaux de boisement de terres incultes et de plantations, exécutés au moyen d'essences forestières, et il semble utile d'attribuer aux propriétaires, communes ou particuliers, des subventions en nature ou en argent proportionnées à l'importance des opérations entreprises et délivrées après reconnaissance préalable des terrains (3).

Les subventions en nature consisteraient en des graines ou des plants provenant des magasins et des pépinières du Service des forêts ; mais les subventions en argent paraissent devoir être préférées, lorsque les voies de communication permettront de se procurer les plants nécessaires par voie d'achat dans les pépinières appartenant aux particuliers. Ce dernier procédé présenterait le très grand avantage de ne porter aucun préjudice à l'industrie privée.

Il faut ajouter qu'il n'y aurait pas lieu de se préoccuper de l'emplacement des boisements et des plantations, dans l'évaluation des subventions à accorder, car l'utilité de ces travaux est sensiblement la même, quel que soit le bassin de leur situation.

En tenant compte de la nature du sol seulement, l'avenir agricole est à peu près le même pour toute l'étendue de la région Nord, car la qualité des terres importe peu, lorsqu'il est possible de les arroser.

---

(1) En Algérie, la nature du sol est peu importante lorsqu'il peut être irrigué.

(2) L'interdiction du pâturage et le recépage suffisent le plus souvent pour opérer cette transformation.

(3) On doit compter surtout sur l'initiative des communes pour l'exécution de ces travaux de boisement et de plantation.

RÉGION SUD.

Il résulte des considérations présentées au deuxième paragraphe que le climat de la région Sud doit être entièrement différent de celui de la région Nord.

Les vents chauds et humides venant de la mer se refroidissent et perdent en grande partie leur humidité en s'élevant contre les versants Nord des montagnes qui séparent les deux régions, puis leur température s'échauffe en descendant sur les versants exposés au Sud et, s'ils renferment encore une quantité suffisante de vapeur d'eau, la précipitation aqueuse se produit plus loin au passage de nouvelles montagnes, mais nécessairement en moindre quantité que dans la région Nord.

La région Sud doit donc être caractérisée, et l'observation indique en effet qu'il en est ainsi, par des pluies rares et faibles (1). En outre, l'air renfermant peu de vapeur d'eau, le rayonnement est intense et l'influence de l'altitude sur la température est plus sensible que dans la région Nord. Enfin, la végétation étant peu développée à cause du manque d'eau, de plus, l'absorption des radiations solaires par l'atmosphère étant diminuée par l'altitude considérable des plaines (2), le sol devient brûlant très vite.

Il résulte de ces diverses circonstances que les variations de température sont très brusques et très étendues.

Le climat présente encore un caractère particulier dans l'intensité des vents. Si on limite la région Sud à Laghouat, cette région, en faisant abstraction des soulèvements peu importants, comprend deux plaines immenses séparées par le massif montagneux qui s'étend entre Zenina et Bou-Saâda en passant par Djelfa. Les points les plus élevés de ce massif dépassent dans la chaîne des Senalba l'altitude de 1,500 mètres, mais ils ne sont élevés que de quelques centaines de mètres au-dessus du niveau des plaines voisines. Il résulte de cette disposition que, dans l'étendue entière de la région Sud, les vents arrivent avec toute leur violence à la surface du sol et qu'ils donnent lieu à un effet de dénudation assez intense pour modifier par des apports de sable la forme des terrains et surtout la composition des terres.

Les terres les plus fertiles de la région se trouvent au Nord, puis dans le voisinage et dans l'intérieur du massif montagneux central.

Elles sont argilo-calcaires, calcaires ou argilo-sableuses dans le Nord ; au centre, elles sont argilo-sableuses, argilo-calcaires ou sableuses. On rencontre des dunes étendues, entre les Zahrez et les Senalba.

---

(1) La hauteur annuelle de la pluie dans la région Sud est le tiers environ de celle de la région Nord.

(2) En limitant la région Sud à Laghouat, l'altitude moyenne des plaines est de 850ᵐ environ.

Les forêts occupent une étendue totale de 327,370 hectares (1) (2), dont 44,208 hectares sont soumis au régime forestier ; sur cette dernière étendue, 34,739 hectares forment le cantonnement de Djelfa, de création toute récente ; le reste appartient aux cantonnements de Boghar et de Teniet-el-Haad (3).

Les essences principales sont le pin d'Alep, le chêne-vert, le pistachier de l'Atlas et les génévriers.

La presque totalité des forêts, 314,900 hectares, se trouve répartie sur les sommets et les versants du massif central. Ces forêts occupent donc la situation la plus avantageuse pour recueillir les eaux météoriques provenant de la précipitation aqueuse qui se produit, lorsque les vents venant de la mer franchissent ces montagnes.

Quant aux plaines, elles sont dépourvues d'arbres, sauf dans les bas fonds, ou daïas, où l'on rencontre des jujubiers et des pistachiers de l'Atlas ; ces daïas se trouvent surtout, en grand nombre, au Sud de Laghouat.

Ici se pose la question de savoir si ces immenses espaces, dénudés actuellement, ont été autrefois couverts de forêts.

Il convient de se soustraire à l'empire de cette impression, qui porte à attribuer la disparition des forêts à la première expansion de la civilisation et de ne pas admettre *à priori* que les steppes du Sud ont été boisés autrefois, mais de rechercher les raisons que l'on pourrait invoquer pour ou contre cette opinion. Il paraît, toutefois, inutile de chercher à se renseigner à ce sujet auprès des indigènes, car, indépendamment du peu de certitude qu'offre toujours la tradition arabe, il ne faut pas oublier que les races inférieures éprouvent une profonde indifférence à l'égard des événements physiques qui n'exercent pas une influence immédiate sur leurs intérêts matériels (4) ; il en résulte que très probablement les renseignements fournis seraient de pure imagination.

Les sources historiques font défaut dans ce cas, à moins pourtant que l'on n'applique à cette région, en particulier, la remarque souvent mentionnée d'un historien romain (5).

On pourrait attribuer la disparition des anciennes forêts aux incendies et aux pâturages, mais l'observation des faits est en contradiction avec cette manière de voir. Les montagnes, où les incendies se développent avec plus de violence

---

(1) Un tiers environ seulement de cette étendue est occupé par des peuplements complets.

(2) La contenance des daïas n'est pas comprise dans ce total. On a reconnu, en 1875, au Sud de Laghouat 622 daïas, d'une contenance totale de 3,200 hectares, sur un territoire de 300,000 hectares.

(3) Il paraît inutile de déterminer le degré relatif de boisement, qui est dans tous les cas bien plus faible que dans la région Nord, car il faudrait d'abord fixer presque arbitrairement la limite Sud du territoire.

(4) Lyell. *Principes de géologie.*

(5) *Terra infeconda arboribus.*

que dans les plaines, sont encore le plus souvent couvertes de forêts, et il ne faut pas oublier que, dans les steppes, on trouve des arbres dans les daïas, c'est-à-dire dans les bas-fonds parcourus de préférence par les troupeaux.

Cet état de choses paraît bien plutôt devoir être attribué au climat. Il faut, en effet, de la chaleur et de l'humidité pour que la vie végétale puisse atteindre tout son développement. La chaleur ne fait pas défaut, il est vrai, mais l'humidité est mesurée avec parcimonie ; aussi, on ne rencontre de forêts que sur les montagnes où se produit surtout la condensation de la vapeur d'eau atmosphérique et dans les daïas où se rassemblent les eaux provenant des quelques pluies qui arrosent les plaines. C'est, d'ailleurs, un fait général pour la massive Afrique où les brises marines ne font qu'effleurer les côtes (1). Aussi, si l'on fait abstraction du littoral, le développement de la vie végétale est bien inférieur à celui que l'on observe dans les régions tropicales de l'Asie et de l'Amérique (2).

En admettant que les steppes soient restés dénudés jusqu'à ce jour, on doit se demander s'il est possible d'y introduire la végétation forestière. Quand la terre se dessèche, tous les éléments carbonés, autrefois contenus dans le sol, se brûlent complètement et toute végétation devient impossible (3). Mais ce dessèchement n'est pas complet partout, il ne se présente même qu'exceptionnellement, et en général on pourrait essayer, avec quelques chances de succès, de boiser le sol au moyen d'essences peu exigeantes.

Mais si l'on se reporte à ce qui a été dit précédemment, on voit que les premiers efforts doivent tendre à compléter les peuplements qui occupent le massif central, afin de retenir les eaux météoriques et d'augmenter le débit des sources.

Le service des forêts n'a actuellement à s'occuper que des 34,739 hectares qui ont été délimités récemment pour constituer le nouveau cantonnement de Djelfa. Une maison forestière, en ce moment en construction, sera terminée l'année prochaine, et des projets sont en préparation pour deux autres maisons, de telle sorte qu'après l'exécution de ces premiers travaux, la surveillance se trouvera complètement assurée.

L'établissement d'une pépinière et le boisement des vides étendus que renferment les forêts du cantonnement permettraient d'essayer les diverses essences que l'on pourrait adopter dans la région et de faire choix des meilleurs procédés de culture à employer. Ces vides présentent parfois des terres sableuses, de sorte qu'on pourrait sur ces points diriger les essais en vue du boisement ultérieur des dunes, qui occupent, entre les Zahrez et la chaîne des Senalba, une étendue de 45,000 hectares environ.

Quant aux opérations à entreprendre dans les steppes, elles ne pourront être tentées utilement qu'après l'adoption d'un tracé définitif pour le chemin

(1), (2) Lesbazeilles. *Les Forêts.*
(3) P. Dehérain. *Cours de Chimie agricole.*

de fer de Boghari à Laghouat, car les espaces à boiser en premier lieu devront être choisis à proximité de cette voie ferrée.

Ces boisements auront pour but de retenir l'eau dans les bas-fonds, d'abaisser la température sur place, car, ainsi qu'on l'a vu plus haut, les forêts agissent probablement comme réfrigérants (1), et enfin de fournir aux habitants futurs le bois qui fait actuellement défaut.

Mais peut-on espérer par le boisement du sol annihiler l'influence désastreuse des vents du Sud. Il résulte des observations de M. Tarry (2) qu'à certaines époques de l'année, plus spécialement en mars et avril, des cyclones se forment au Nord de l'Europe, puis descendent jusqu'aux tropiques où ils éprouvent un mouvement de recul qui les ramène à leur point de départ. Si alors la force vive qui anime ces tourbillons n'est pas épuisée, ils accomplissent une nouvelle oscillation.

Dans leur mouvement de translation, ils franchissent sans difficulté des chaînes de montagnes élevées de plusieurs centaines de mètres au-dessus du niveau des plaines et épaisses souvent de plusieurs kilomètres. Lorsque des obstacles aussi importants ne parviennent pas à les arrêter, on n'est guère en droit de compter pour cela sur l'action des massifs d'arbres élevés de quelques mètres seulement au-dessus du sol. Les phénomènes importants de la météorologie dynamique paraissent être, en effet, indépendants de l'état des couches inférieures de l'atmosphère et, si l'on tient compte de l'énorme force vive qui les anime, les obstacles qu'on peut leur opposer sont absolument incapables de les arrêter.

Mais, s'il est impossible de détruire les tourbillons eux-mêmes, on peut annuler leurs effets à la surface du sol, car il est incontestable que des plantations suffisantes d'arbres épars et surtout des rideaux d'abri ont pour effet de soustraire sur place les couches inférieures de l'atmosphère à l'action des dépressions barométriques.

L'utilité du boisement des terres incultes et des plantations est donc la même dans les deux régions, et il y a lieu d'encourager dans la région Sud l'exécution de ces travaux par les mêmes moyens que dans la région Nord : récompenses honorifiques, primes, subventions en nature et en argent.

Toutefois, la région Sud étant encore inexploitée, l'État pourrait, par dérogation aux principes rappelés précédemment, se charger des premières opérations de boisement qu'il y aurait lieu d'exécuter aux abords des stations de la voie ferrée de Laghouat. En chacun de ces points, on pourrait faire choix d'un terrain de cent hectares, au moins, qui serait mis en valeur, au moyen du boisement, par les soins du Service des Forêts.

---

(1) R. Radau. *La lumière et les climats.*

2) G. Tissandier. *Les poussières de l'air.*

ESSENCES.

Les principales essences que l'on peut utilement employer sont : le chêne-liège, le châtaignier et le pin maritime dans les sols siliceux ; dans les sols secs et suffisamment profonds, le pin pinier et le cyprès dont la variété pyramidale est très utile pour former des rideaux d'abri ; les chênes, le pin laricio d'Autriche, le pin d'Alep, le thuya, le caroubier, l'olivier, les pistachiers térébinthe et de l'Atlas, les acacias *decurrens* et *pycnantha* et les grands génévriers, dans les diverses terres, jusqu'aux plus arides où végètent les dernières espèces de la série ; les saules, le frêne, l'orme et le micocoulier dans les ravins et sur les rives des cours d'eau ; enfin, le cèdre, dans les montagnes élevées.

Tous les renseignements concernant les essences et les procédés de culture sont donnés dans des ouvrages spéciaux (1) et, d'ailleurs, des détails de cette nature ne peuvent trouver place que dans les projets de travaux.

Aux végétaux qui précèdent, il y a lieu d'ajouter une essence exotique dont on s'est beaucoup occupé en Algérie, il y a quelques années ; il s'agit des gommiers Australiens.

Le gommier bleu de Tasmanie (eucalyptus globulus) atteint dans les Etats de Tasmanie et de Victoria une hauteur considérable, avec une rectitude de fût parfaite ; ainsi on rencontre fréquemment des arbres mesurant 65 mètres sans branches. Mais il faut ajouter que l'on ne trouve de tels arbres que dans des gorges très profondes, où la lumière est presque interceptée par une végétation extrêmement dense et où le sol est couvert d'une couche épaisse de terreau provenant de la décomposition des débris organiques de toute nature.

Dès que les graines ont germé dans ce sol extraordinairement frais et fertile, les jeunes plants croissent avec une telle rapidité qu'à l'âge de deux ans ils peuvent atteindre une hauteur de dix mètres, avec cinq centimètres de diamètre à la base. Cette végétation si rapide, accompagnée d'une parfaite rectitude de fût, peut-être attribuée à trois causes distinctes : à la fraîcheur et à la fertilité de la terre végétale, à l'absence de tout mouvement dans l'atmosphère, enfin à l'obscurité relative qui oblige les jeunes arbres à s'élever jusqu'à ce qu'ils aient atteint la lumière (2).

Ces conditions exceptionnelles ne se rencontrant pas en Algérie, on ne peut espérer tirer de l'eucalyptus globulus le même parti qu'en Australie. Mais le

(1) A. Mathieu, ancien sous-directeur de l'Ecole forestière. *Flore forestière.*
P. Demontzey, Inspecteur général des forêts. *Traité du reboisement des montagnes.*
A. Noël, Inspecteur des forêts. *Essai sur le repeuplement des vides dans les forêts.*

(2) Julian E. Tenison-Woods. *Les forêts de la Tasmanie.*

même genre renferme de nombreuses espèces moins exigeantes et auxquelles on peut avoir recours. Il est douteux cependant que ces arbres puissent végéter ici avec la même vigueur que dans leur pays d'origine, et le bois d'eucalyptus est peut-être comme le bois de chêne dont la qualité est d'autant meilleure que la croissance a été plus rapide. Toutefois cette croissance est assez rapide pour qu'au moyen de cette essence on puisse constituer en peu d'années des massifs de plusieurs mètres de hauteur.

Les diverses espèces connues sont très nombreuses et il est utile de remarquer qu'il faut éviter de les désigner par leurs noms vulgaires dont chacun s'applique souvent à des espèces très différentes. C'est ainsi que les noms de gommier rouge (red-gum) et de gommier blanc (white-gum) s'appliquent chacun à une demi-douzaine d'espèces au moins (1).

Il semble utile d'essayer la culture des eucalyptus obliqua, leucocylon, brachypoda et doratoxylon dans les sols secs ou très secs et des eucalyptus gunnii et alpina dans les régions où les gelées sont à redouter (2).

Dans le choix des essences, il y a lieu de se préoccuper du climat sur les divers éléments duquel quelques renseignements ont été fournis précédemment, pour les deux régions, Nord et Sud.

Sur le littoral et dans les larges vallées, les gelées ne sont pas à craindre, mais il en est autrement dans les localités élevées.

Dans les deux régions, le maximum thermométrique dépasse souvent +35° c, Les minima observés en 1881 sont — 2° c. à Aumale, — 1, 8 c. à Médéa, — 6°, 7 c. à Teniet-el-Hâad et — 8° c. à Djelfa (3).

Ces quatre stations, dont l'altitude est connue, sont assez rapprochées de sommets élevés pour qu'on puisse déterminer la température minima de l'atmosphère sur ces montagnes. Bien que, dans les régions montagneuses, on observe parfois une interversion dans la variation de la température suivant la verticale, on peut admettre une décroissance de 1° c., pour 200 mètres d'élévation (4).

Au moyen de ces données, des altitudes des stations et des sommets voisins, on peut facilement déterminer la température minima sur ces sommets, ainsi que l'indique le tableau suivant :

(1) Ch. Moore ; esq. — Le bois de la Nouvelle Galle du Sud.
(2) Bulletin de la Direction des forêts. — 1er fascicule.
(3) Statistique générale de l'Algérie. — Années 1879 à 1881.
(4) R. Radau. Les observatoires de Montagne.

STATIONS			SOMMETS		
DÉSIGNATION	ALTITUDE	MINIMUM en 1881	DÉSIGNATION	ALTITUDE	MINIMUM en 1881
Aumale	905ᵐ3	— 2° »	Djurdjura	2,305ᵐ	— 9° »
Médéa	914 5	— 1 8	Mouzaïa	1,604	— 5 2
Téniet-el-Haâd ..	1.142 8	— 6 7	Ouarsenis	1.985	— 9 »
Djelfa..........	1.167 »	— 8 »	Senalba........	1.570	— 10 »

CONCLUSION

Il résulte de ce qui précède qu'avant tout il est indispensable d'améliorer les forêts du département d'Alger.

Les travaux d'amélioration et d'entretien des forêts de l'Etat, en France, exigent une dépense de 3 francs par hectare environ ; ce chiffre, adopté pour base, donnerait lieu à une dépense totale de 1,143.300 francs pour l'étendue de 381,100 hectares de bois domaniaux soumis actuellement au régime forestier dans le département d'Alger, tandis que, d'après le budget de l'année 1884, le chapitre 44, comprenant le matériel du Service des forêts, ne s'élève qu'à 522,000 francs pour toute l'Algérie.

Il est désirable que le montant de ce chapitre soit augmenté, d'année en année, jusqu'à ce qu'il ait atteint au moins le total qui vient d'être indiqué; mais, afin de faciliter cette augmentation, il serait utile que le Service des forêts pût présenter une augmentation correspondante de recettes.

Or, ce résultat est facile à obtenir ; il suffit, pour cela de mettre en valeur, dans le plus bref délai possible, les forêts de chêne-liége qui n'ont pas fait l'objet de concession.

Les travaux à entreprendre d'abord consistent donc dans le démasclage des forêts de chêne-liége et dans la construction de maisons forestières. Les premières récoltes de liége donneront lieu à une augmentation de recettes qui permettra de hâter l'exécution des travaux d'amélioration de toute nature.

Si l'on considère spécialement les travaux d'établissement de pépinières, de boisement de vides et de terres incultes à effectuer par le Service des forêts, ainsi que les primes et subventions à allouer aux Sociétés, communes et particuliers, il semble qu'une somme totale de 150,000 à 200,000 francs serait suffisante, pendant les premières années de l'application du programme qui vient d'être proposé (1). Il est, d'ailleurs, facile de se rendre compte que cette dépense n'est pas susceptible d'une évaluation précise, en ce qui concerne les subventions.

Il reste maintenant à se demander si les mesures proposées seront suffisantes pour permettre d'atteindre le but entrevu. Dans un pays récemment pénétré par la civilisation, où les habitants sont éloignés les uns des autres, où, par conséquent, les relations sont difficiles, il est indispensable qu'une institution spéciale vienne donner une vive impulsion aux travaux si utiles de boisement des terres incultes et de plantations.

Cette institution existe en Algérie où elle est appelée à rendre de très grands services, c'est la « *Ligue du reboisement* ». Par suite de son caractère privé, la Ligue exerce à juste titre une influence que ne saurait obtenir aucun service public ; elle seule, par une publicité étendue et par ses relations dans tous les centres, peut arriver à inspirer aux propriétaires du sol le respect des arbres existants et à les convaincre de l'utilité de nouvelles plantations.

Alger, le 30 septembre 1884.

L'Inspecteur des forêts, chef du Service extraordinaire,
J. BERT.

---

(1) Le crédit alloué en 1884 pour les repeuplements s'élève à 140,000 francs pour l'Algérie entière.

LETTRE D'ENVOI

DU RAPPORT QUI PRÉCÈDE

Alger, le 10 octobre 1884.

MONSIEUR LE GOUVERNEUR GÉNÉRAL,

J'ai l'honneur de vous adresser, sous forme de rapport, avec les avis de mes divers chefs de service, les résultats de l'enquête que vous avez prescrite, par votre lettre du 7 février 1884, sur la question du reboisement.

Ainsi que vous avez eu soin de le signaler dans vos instructions, le but poursuivi en Algérie n'est pas le même que celui qui a motivé en France la loi du 4 avril 1882. En effet, par suite de la configuration de ses montagnes, de leur constitution géologique, de l'extrême division des bassins secondaires et de leurs nombreuses ramifications, l'Algérie n'offre nulle part l'aspect des Alpes françaises, où les torrents creusant leur lit dans des terrains sans consistance, d'une grande étendue, produisent des glissements sur une largeur quelquefois considérable et portent avec l'immense quantité de matériaux qu'ils entraînent, la ruine et la désolation dans le fond des vallées. Ici, on rencontre bien sur quelques points des déchirures et des éboulements, ce ne sont toutefois que des accidents locaux devant lesquels on ne doit certainement pas rester indifférent, mais qui ne paraissent pas nécessiter de grands travaux de boisement.

En Algérie, il s'agit surtout de procurer au pays, à l'aide des forêts, les eaux qui lui manquent en été, en favorisant leur emmagasinement et en réglant leur débit. Il s'agit également de rechercher si, à l'aide du boisement des régions dénudées des hauts plateaux, on ne parviendrait pas à arrrêter les vents du Sud et à tempérer les ardeurs du climat.

On a adopté, pour cette étude, les deux grandes divisions que vous avez tracées : région Nord, région Sud.

Pour la première qui correspond au Tell, on a fait ressortir la situation avantageuse de nos massifs forestiers, qui, placés presque tous à la limite supérieure des bassins, sont admirablement disposés pour arrêter les courants atmosphériques venant de la mer et chargés de vapeur d'eau.

Sous le rapport de leur étendue, nos forêts atteignent, dans cette région, la même proportion qu'en France, c'est-à-dire 17,6 0/0 de la superficie totale du territoire. Toutefois, il convient de remarquer que, groupées par grandes masses dans certains bassins où elles atteignent jusqu'à 41,9 0/0 comme dans celui du Sahel, elles manquent presque complétement dans d'autres. Du reste, la même observation peut être faite pour nos départements français, avec cette différence que, s'il n'est plus possible de remédier, en France, à cette inégalité qu'à l'aide de travaux fort coûteux, il sera encore facile, presque partout, de restaurer les crêtes et les versants des montagnes de l'Algérie avec les éléments de végétation forestière qui n'y ont pas complètement disparu.

Si les forêts de l'Algérie ne produisent pas le même degré d'effet utile qu'en France, pour l'emmagasinement des eaux qu'elles devraient retenir et dont elles devraient régler le débit, de manière à pouvoir fertiliser une étendue de cultures au moins égale à leur propre superficie, si, au moment des grandes pluies, les cours d'eau qu'elles alimentent prennent une allure torrentielle, il ne faut pas en chercher la cause dans l'insuffisance de leur étendue, mais dans l'appauvrissement de leur sol.

On sait, en effet, que c'est par le terreau dont la puissance d'absorption atteint jusqu'à 190 0/0 de son poids d'eau que se fait l'alimentation des sources. Or, cet élément manque encore dans presque toutes nos forêts algériennes. Parmi les causes qui le détruisent ou en ralentissent la formation, l'auteur du rapport signale : les incendies, les délivrances usagères en jeunes bois, le pâturage immodéré qui empêche les peuplements de se compléter, les vides de se reboiser, enfin le faible couvert du pin d'Alep qui est l'essence la plus répandue dans nos forêts.

Il résulte de cet exposé que les principales mesures à prendre dans la région du Tell, pour augmenter le volume des eaux utilisables, doivent consister surtout à conserver les forêts existantes et à en améliorer les peuplements, par l'introduction d'essences à couvert plus complet et surtout par la suppression des abus de jouissance usagère.

Ce n'est point à dire qu'il n'y ait rien à entreprendre en fait de travaux et de créations nouvelles. — En dehors de l'important domaine forestier que la loi du 16 juin 1851 a permis de constituer au profit de l'Etat et des quelques forêts communales soumises au régime forestier provenant de dotations ou de cantonnements de droits d'usage, il existe, en montagne, des étendues considérables de broussailles et même des forêts qui ont été abandonnées à des communes ou à des particuliers. Pour n'en citer qu'un exemple, toutes les pentes de la rive droite de la Chiffa appartiennent aux Indigènes. Le maintien et, au besoin, la conversion en bois de ces terrains généralement impropres à la culture entrent naturellement dans notre programme de reboisement.

Bien qu'en principe l'Etat n'ait pas à intervenir dans la mise en valeur des terrains incultes, ceux qui nous occupent offrent, par leur situation, leur boisement partiel et le rôle qu'ils sont appelés à remplir dans l'économie générale du pays sous le rapport de l'alimentation des cours d'eau, un degré d'utilité qu'il est impossible de méconnaître. J'irai donc plus loin que l'auteur du rapport, qui ne propose l'intervention de l'Etat que pour les travaux de boisement du Sud. Si la nécessité de ces travaux existe pour le Tell, on ne devra pas se borner à faire appel à l'initiative individuelle et compter uniquement sur les encouragements à l'aide de primes ou de subventions. Ces moyens, certainement préférables aux mesures d'exception, supposent un degré de civilisation et des mœurs que nous ne rencontrons pas chez les Indigènes et que nous ne pouvons pas espérer d'eux. C'est pour cela qu'indépendamment des mesures législatives déjà proposées pour la conservation des forêts et des brousailles situées en montagne et appartenant à des particuliers, il serait nécessaire de conférer à l'Etat le droit d'exproprier ceux de ces terrains dont la restauration ou la conservation en bois seraient reconnues indispensables pour l'alimentation et la régularisation des cours d'eau. Il est à peine nécessaire de faire observer en quoi cette proposition diffère de l'idée, souvent émise, qu'il suffirait de faire promulguer, en Algérie, la loi du 4 avril 1882. Il ne faut pas perdre de vue que cette loi qui a été surtout faite pour l'extinction des torrents n'accorde le droit d'expropriation que « pour les travaux de restauration rendus nécessaires par la dégradation du sol et *des dangers nés et actuels*. » Elle serait sans application pour les terrains qu'il importe de convertir en nature de bois en vue de l'alimentation des sources et de la régularisation de leur débit, but principal et à peu près unique du progrès qu'on cherche à réaliser.

L'étude de la région Sud a été compliquée de la question du climat. — S'il est peu probable que les hauts plateaux aient été jadis couverts de massifs forestiers en dehors de la partie montagneuse où on les rencontre encore et des dépressions *(Dayas)* où le sol conserve un certain degré d'humidité indispensable à toute végétation forestière, il est pour le moins aussi douteux qu'on parvienne à l'aide de grands reboisements à modifier le climat de l'Algérie et à arrêter les vents chauds. L'opinion qui attribue aux forêts une action climatérique repose plutôt sur des présomptions que sur des observations précises. — La discussion dans laquelle est entré à ce sujet l'auteur du rapport mérite la plus sérieuse attention. — Il n'est rien de séduisant comme les grandes théories et les vastes projets de travaux, rien par conséquent dont l'étude exige plus de prudence et de circonspection. — Aussi ne peut-on qu'approuver l'extrême réserve avec laquelle M. l'Inspecteur Bert s'est prémuni contre cet entraînement.

Mais si le cadre du programme a perdu de ses proportions, les dimensions en restent encore assez larges pour y développer notre activité et utiliser toutes nos ressources. Dans le Sud plus que dans le Tell, il importe d'emmagasiner les eaux météoriques dont la quantité est à peine le tiers de celle qui tombe dans la Région Nord.

Les forêts du Sud, actuellement soumises à l'action de l'Administration forestière, présentent le même état que les massifs du Tell et réclament par conséquent les mêmes mesures. — Toutefois, il faut reconnaître qu'elles renferment une cause d'appauvrissement de moins, depuis que, grâce à l'initiative éclairée de M. le général Loysel, commandant la division d'Alger, on a installé, dans le cercle de Djelfa, un atelier de sciage qui débite les gros arbres pour le service des usagers. — Il serait à désirer que cette mesure pût être généralisée dans toutes nos forêts.

Comme dans le Tell, il conviendra de soumettre au régime forestier, non-seulement les forêts qui sont encore en dehors de son action, mais aussi tous les terrains en montagne qui ont conservé des traces d'ancienne végétation forestière. — La réalisation de ce programme, qui exigera l'organisation d'un service complet dans le Sud et l'installation des gardes en forêt, ne pourra se faire que progressivement, suivant l'état politique du pays et les ressources du budget.

Parmi les travaux à exécuter, le rapport signale l'établissement de péri-mètres de reboisement aux abords de la voie ferrée qu'on doit ouvrir de Bo-ghari à Laghouat. Il est hors de doute que ces boisements exerceraient la plus heureuse influence sur la température de la localité et seraient, plus tard, d'une grande utilité pour l'approvisionnement en combustible des habi-tants appelés à peupler cette région. Le tracé de la ligne n'étant pas encore arrêté, on n'a pu indiquer les points où ces périmètres devront être établis. Chacun d'eux devra comprendre environ 100 hectares dont le boisement coû-tera 550 francs par hectare. En supposant qu'on crée 10 périmètres, ce sera une dépense totale de 550,000 francs, plus 10,000 d'acquisition des terrains.

Après avoir fait ressortir l'écart considérable qui existe entre les allocations budgétaires du chapitre du Matériel du Service en France, où tout est orga-nisé et celles du même chapitre du Service pour l'Algérie, où il reste encore tout à faire, le rapport se borne à proposer de porter le crédit affecté aux reboi-sements de 110 à 200,000 francs. Ce serait la part des travaux proprement dits et des acquisitions. Ce chiffre pourra paraître au-dessous des besoins; mais, dans l'idée du Service forestier, il faut avant tout améliorer les forêts qu'on possède et pour cela augmenter de préférence, si c'est possible, les allocations affectées à la construction des maisons forestières. Il faut également ne pas perdre de vue que le chiffre de nos recettes est une des causes qui ren-dent si difficile l'adoption de notre budget des dépenses. Il importe donc au même degré que les efforts se portent sur la mise en valeur de nos richesses forestières, qui consistent surtout en forêts de chênes-liége. Les résultats ob-tenus cette année où, pour la première fois, le Service forestier a eu à sa disposition de crédits sérieux pour les démasclages, sont de nature à ne plus permettre aucune hésitation. L'avenir de notre budget est là.

Tels sont, Monsieur le Gouverneur général, tracés à grands traits, les ré-sultats de l'enquête que vous avez ordonnée.

Comme conclusion, il me suffira d'énumérer l'ensemble des mesures dont la nécessité a été indiquée au cours de ce rapide exposé et qui résument les propositions de mes chefs de service.

En ce qui concerne les forêts domaniales, on doit conserver celles qui existent, rendre leur surveillance plus efficace en achevant de fixer leurs limites et en construisant des maisons forestières, supprimer les délivrances de jeunes bois, prévenir les dangers d'incendie en redoublant de vigilance et en punissant sévèrement toutes les tentatives de malveillance, améliorer les peuplements par le boisement des vides et l'introduction d'essences à couvert.

épais, enfin atténuer autant que possible les effets toujours nuisibles du pâturage par le rachat des enclaves et une réglementation sérieuse des cantons défensables, en attendant qu'on puisse procéder au cantonnement de tous les droits d'usage.

Les mesures devront être les mêmes pour les forêts communales placées sous l'action du régime forestier ; mais en même temps il y aura lieu de soumettre, d'après les indications fournies par l'enquête, les terrains abandonnés aux communes ou aux tribus à titre de communaux, qui, par leur consistance et surtout par leur situation sur des crêtes ou des versants de montagne, paraissent devoir être l'objet du même régime de protection et de surveillance. Dans cette recherche, on aura soin de ne pas perdre de vue que nos plus humbles broussailles renferment les éléments de véritables forêts qui, le plus souvent, n'auront besoin pour se constituer que d'un simple recepage et d'une mise en défens.

La conservation des forêts des particuliers sera suffisamment garantie par les mesures législatives qui ne peuvent tarder à être soumises à la discussion des Chambres. Toutefois, il conviendrait de compléter le projet par une disposition qui accorderait à l'Etat le droit d'expropriation des terrains en montagne dont la restauration ou le boisement sera reconnu nécessaire pour l'alimentation des sources et la régularisation de leur débit.

Comme moyens d'exécution, on devra insister sur la nécessité d'augmenter les crédits affectés à la construction de nos maisons forestières et à la mise en valeur de nos forêts de chênes-liège. Pour les travaux de boisement proprement dits et les acquisitions, il suffira, pendant les premières années, de doubler les allocations inscrites au budget de 1884, en les portant de 110,000 à 200,000 francs.

Une carte orographique et forestière au $\frac{1}{200,000 e.}$ du département d'Alger, indiquant les diverses catégories de forêts et des terrains à restaurer ou à boiser complète le dossier de l'enquête. J'ai tenu à ce que ce travail tout nouveau, pour lequel on a utilisé les publications récentes de l'Etat-Major et de levés réguliers encore inédits, fût fait avec le plus grand soin.

Je ne saurais, Monsieur le Gouverneur général, terminer ce rapport sans rendre hommage au zèle avec lequel tout le personnel de mes agents s'est occupé de la question que vous avez soumise à notre étude. Je dois cependant une mention particulière à M. l'inspecteur Bert, chef du service extraordinaire, qui a été plus spécialement chargé de recueillir les documents statistiques et du travail d'ensemble. Son rapport, qui dénote un grand esprit d'observation et les connaissances techniques les plus étendues, mérite d'être lu et étudié.

Je suis avec respect, Monsieur le Gouverneur général, votre très humble et obéissant serviteur.

Le Conservateur des Forêts,

AD. COMBE.

ALGÉRIE

—

SERVICE DES FORÊTS

—

PROVINCE D'ALGER

—

APPLICATION DE LA CIRCULAIRE GOUVERNEMENTALE

DU 7 FÉVRIER 1884

DÉSIGNATION DES BASSINS	SUPERFICIE TOTALE DE CHAQUE BASSIN	CONTENANCE DES TERRAINS DÉJÀ BOISÉS					CONTENANCE DES TERRAINS À BOISER ET DES TERRAINS BOISÉS À ACQUÉRIR			ÉVALUATION DE LA DÉPENSE		OBSERVATIONS
		À L'ÉTAT		AUX COMMUNES OU TRIBUS		AUX PARTICULIERS	À L'ÉTAT	AUX COMMUNES OU TRIBUS	AUX PARTICULIERS	FRAIS	FRAIS	
	HECTARES	HECTARES	HECTARES	HECTARES	HECTARES	HECTARES	HECTARES	HECTARES	HECTARES	FRANCS	FRANCS	
						RÉGION NORD						
SEBAOU	279.930	22.408	»	361	»	2.000	»	300	»	»	»	(1) Le produit des propriétaires ne pourront être compris ne saisonnel qu'après l'application de la loi du 26 juillet 1873 sur la propriété, en s rés- et aux bois renouvelées restant les forêts du territoire côté bois socomtes au régime forestier.
	»	»	»	»	»	»	»	755	600	25.000	»	(2) Bois de Djendis dit « Tisazorti » à b acquérir.
SAHEL	256.970	95.568	12.020	»	»	1.000	»	153	»	»	»	
ISSER	422.345	37.125	»	154	»	»	»	»	1.200	60.000	»	(3) Bois particulier à acquérir dans les douars Beni Kéram et Beni Regan (partie).
	»	»	»	»	»	3.000	»	250	»	»	»	(4) Essarts restant à boiser à faubourg et à St-Ferdinand.
	420.845	18.836	»	7.095	»	30.000	497	»	»	»	149.100	(5) Dunes à boiser. (6) Les bois particuliers indiqués sur la carte sont tous également utiles ; on propose l'acquisition de suite dont la conservation intéresse spéciale- ment la région la plus anciennement cultivée dans le département d'Alger :
MAZAFRAN	»	»	»	»	»	»	»	»	196	1.560	45.000	la plaine de la Mitidja. Ce sont, les forêts de l'Oued Djer, du Beni Regan (partie), des gorges de la Chiffa et celles qui occupent les montagnes de Blida.
	»	»	»	»	»	»	»	»	10.000	500.000	»	(7) Cette dépense de 430.000 fr. se rapporte à l'étendue totale de 4.845 hectares, dont 765 hectares de bois conditionnés à restaurer et 4.080 hecta-
	1.744.850	165.915	»	15.243	»	51.030	»	765	1.080	73.000	430.000	res de terrains particuliers à boiser, qui feront la périmètre de l'Oued Ka- bir. Les travaux nouraient être exécutés par la commune de Blida, avec subvention de l'État.
	550	»	»	»	»	»	550	»	»	»	212.000	(8) Terrains restant à boiser aux Montagnes Rouges, à la Pépinière et à Mouzaïa-ci-Aouzali.
CHÉLIF-INFÉRIEUR	»	»	»	»	»	»	»	907	»	»	»	
	»	»	»	»	»	»	»	205	»	»	»	
	»	»	»	»	»	»	»	265	»	»	»	
	»	»	»	»	»	»	»	1.235	»	»	»	
	2.624.720	339.892	42.020	22.799	»	87.010	1.027	4.827	12.990	661.500	830.100	(9) Bois communaux à soumettre au régime forestier ; savoir : 300 hec- tares à la commune de Tizi-Ouzou, 785 hectares au douar Tikobain, 375 au douar Chender, 300 au douar Tablat, 307 à la commune de Vieinz-el-Blad, 300 à la commune de Bageoni, 200 au douar Taouforts et 1.350 à la com-
						RÉGION SUD						mune de Aï-Djenêir des Abnik. 700 hectares appartenant à la commune de Blida font partie du périmè- tre de l'Oued Kebir.
BASSINS INTÉRIEURS ET CHÉLIF-SUPÉRIEUR.	»	41.208	286.162	»	»	»	»	»	1.000	10.000	550.000	(10) Boisement de terres incultes à effectuer à proximité des stations du chemin de fer de Laghouat.

RAPPORT

DE

LA CONSERVATION DES FORÊTS D'ORAN

Le 7 février 1884, le Gouverneur général de l'Algérie a demandé au Service forestier d'étudier un programme général des reboisements à effectuer, dans la Colonie, pour emmagasiner les eaux de pluie, régulariser le débit des sources et des cours d'eau, opposer une barrière au vent du Sud et tempérer l'ardeur du climat.

Dans la province d'Oran, les agents étaient peu préparés à entreprendre une étude qui pût satisfaire aux données du problème ; nommés à la suite d'une organisation récente, la plupart devaient tout d'abord se mettre au courant de leur circonscription, et même, pour la moitié d'entr'eux, du Service d'agents forestiers dans lequel ils débutaient ; ils avaient, en outre, à dépenser leurs efforts pour suivre l'impulsion donnée par le Gouvernement général et l'Administration centrale : travaux d'amélioration, construction de maisons de gardes, fixation de limites, vérification du Service des préposés, renseignements spéciaux à fournir sur les questions forestières, tout les sollicitait à la fois et absorbait leur temps.

DÉBOISEMENT : SES EFFETS

L'opinion générale se préoccupe, avec raison, de la disparition des boisements en Algérie au point de vue de l'aggravation de la sécheresse et des approvisionnements futurs en bois.

La forêt couvre le sol de ses feuilles, le pénètre par ses racines et, dans la terre végétale, ainsi formée et drainée, elle retient une notable portion de l'eau pluviale ; elle en absorbe une partie, retarde l'écoulement du surplus et en empêche l'évaporation rapide sous l'influence des rayons solaires, enfin, dans les jours les plus chauds, ses rejets peu élevés provoquent un dépôt de rosée ; par ces différents modes d'action, elle tempère la chaleur et assure aux cours d'eaux leur alimentation et leur débit constant ; lors même qu'elle n'augmenterait pas l'humidité atmosphérique, elle emmagasine donc les eaux qui tombent et empêche leur déperdition.

La broussaille a une action analogue, mais beaucoup moins marquée, puisqu'elle ne produit ni la même quantité d'humus, ni la même division du sol par les racines.

Le terrain cultivé absorbe une partie des eaux et en fait profiter la végétation, mais il ne conserve pas l'humidité comme le sol forestier et n'a pas la même action sur le climat et le régime des eaux.

La friche nue laisse perdre rapidement les eaux pluviales qui se précipitent dans les ravins, ou bien elles sont vaporisées par les rayons solaires, car le sol n'y est protégé par aucun écran et ne présente presque point d'humus.

Le déboisement ou même le débroussaillement des terrains impropres à la culture, par suite de leur inclinaison, de leur pauvreté ou de leur sécheresse, est donc, en Algérie, une calamité aux points de vue du climat et des eaux.

Il n'est pas moins funeste sous le rapport pastoral et agricole : l'arrachis des broussailles, non pour mettre le terrain en valeur par la culture, mais pour faire servir leurs racines à la confection du charbon ou de l'écorce dénude le sol, lui enlève le couvert et l'humus qui entretenaient un peu de fraîcheur, fait sécher les graminées qui vivaient à l'ombre des buissons et détruit le pâturage : c'est la principale cause de la diminution progressive et rapide du bétail indigène.

Mais, avec la dénudation s'accroît la sécheresse, elle ne permet pas de remplacer par des prairies artificielles le pâturage naturel qui disparaît ; or, sans bétail, point d'engrais et sans fumure, point de terres indéfiniment productives.

Le *Far West* américain a des terres d'alluvion dont la richesse paraît inépuisable ; elles sont aussi fertiles et aussi profondes sur certains points de l'Algérie, mais les colons n'y ont pas, comme dans le *Far West*, le parcours de grands troupeaux et surtout l'eau à volonté.

Le déboisement compromet l'alimentation future en bois ; dans la province d'Oran, entre la mer et une ligne passant par Marnia, Tlemcen, Sidi-bel-Abbès, Mascara, Zemmorah, Ammi-Moussa, les boisements soumis au régime forestier comprennent environ 50,000 hectares, soit à peine 2 0/0 de la surface totale ; la plupart ont été abroutis pendant des siècles, sont misérables d'aspect et ne peuvent donner qu'un rendement minime en bois de faibles dimensions ; il n'y en aura pas assez pour les besoins des colons, le jour où ils cesseront de déboiser et d'alimenter leurs foyers avec des souches ; quant aux bois non soumis qui se trouvent dans la même région, leur surface est à peine la moitié de celle que régit l'Administration forestière et elle diminue de jour en jour ; enfin, dans le Dahra, les défrichements ont mis à nu un sable siliceux qui se déplace sous l'action du vent, forme des dunes et envahit les terrains cultivés.

Le Sud du Tell est beaucoup plus riche en bois, mais ses 430,000 hectares environ de boisements soumis au régime forestier présentent plus de superficie que de produits, par suite d'abus séculaires, d'incendies remontant à quelques années et du pacage encore exercé sur 250,000 hectares de forêts non Sénatus-consultées ; la plus grande partie de cette surface est ruinée, non productive de revenus actuels, d'une mise en valeur lente et onéreuse.

Même dans le Sud du Tell, il n'y a pas trop de forêts pour assurer le débit des eaux, la protection de la Colonie contre les vents du sud et son approvisionnement futur en bois ; sur certains points même, il y a insuffisance.

Les Hauts-Plateaux ne présentent de forêts que dans la zone voisine du Tell, mais ces boisements, détachés du régime forestier par l'arrêté gouvernemental du 22 décembre 1875 et non surveillés, sont, en fait, le terrain de campement, de parcours et de culture des indigènes ; le peuplement s'y appauvrit progressivement depuis 1876 et la friche gagne rapidement sur la forêt.

Cependant le déboisement des Melks se poursuit avec une aveugle ardeur ; le Conseil général d'Oran avait demandé, en 1883, la prohibition de sortie des charbons et des écorces à tan ; les chiffres d'exportation fournis par la douane, pour l'année 1883, nous ont permis de constater, dans des rapports au 30 juin 1883, que les quantités de charbon et d'écorce exportées pendant l'année précitée correspondaient à la destruction d'environ 137,000 tonnes de matière ligneuse, la plus grande partie provenait de terrains de parcours, et si l'on tient compte des graminées qui ont péri sur les surfaces dénudées, il y a là une perte énorme pour l'industrie pastorale et une aggravation sensible des conditions climatériques de la province.

MESURES A PRENDRE POUR ARRÊTER LES DÉBOISEMENTS

Comment remédier à une situation aussi préjudiciable à l'avenir de la Colonie ? Pour celui que préoccupe ce problème, la première pensée est d'arrêter les déboisements.

Il ne saurait être question d'empêcher la mise en valeur du sol par la culture, sauf dans des circonstances exceptionnelles où le maintien du boisement est commandé par un intérêt public de premier ordre (art. 220 du Code forestier), car la conservation des bois doit aider et non entraver la colonisation ; mais il serait indispensable d'empêcher les déboisements qui ne précèdent aucune mise en valeur et ne font que stériliser le terrain.

De ce nombre sont les arrachis de bois pour faire du charbon et de l'écorce, dans les Melks et dans les communaux de parcours ; sur notre demande, M. le Préfet d'Oran a bien voulu donner des ordres pour les interdire dans ces derniers terrains à l'expiration des baux en cours, mais ils continuent dans les Melks où ils échappent habituellement à toute répression ; en effet, comme ils sont pratiqués, çà et là, au milieu d'autres broussailles, il est rare qu'ils constituent un vrai défrichement et même, dans ce cas, la loi forestière met en cause, non l'exploitant, mais le propriétaire du terrain, qui est souvent innocent ou même victime du fait d'extraction.

Il est donc à regretter que la prohibition de sortie des charbons et des écorces n'ait pas pu être admise, au moins pour quelques années ; si ces produits n'alimentaient plus que le marché algérien les dévastations actuelles diminueraient notablement.

A défaut de cette mesure, nous pensons qu'il y aurait lieu de compléter le titre XV du Code forestier (interdiction aux particuliers de défricher leurs *bois* sans déclaration préalable suivie de non-opposition et l'art. 91 du même Code (interdiction aux communes de défricher leurs *bois* sans autorisation) par une loi spéciale à l'Algérie qu'on pourrait formuler à peu près comme il suit :

« Article 1er. — Les dispositions de l'art. 91 du Code forestier sont appli» cables, en Algérie, aux terrains couverts de broussailles qui sont possédés » par des communes ou des établissements publics.

» Article 2. — La loi du 18 juin 1859 relative au défrichement des bois » de particuliers (titre XV du Code forestier) est applicable, en Algérie, aux » terrains couverts de broussailles.

» Article 3. — Sont soumis à l'application de la présente loi les terrains » où les végétaux ligneux, arbres, arbrisseaux et arbustes autres que le » palmier nain, couvrent au moins la moitié du sol.

» Article 4. — Toute extraction de ces végétaux ligneux autres que le pal» mier-nain, faite dans un des terrains mentionnés à l'article 3, entraînera » contre ses auteurs les peines édictées par l'art. 144 du Code forestier, à » moins que le propriétaire n'ait produit une déclaration préalable de défri» chement suivie de non opposition, conformément à l'art. 219 du même » Code. »

» Article 5. — Lorsqu'il s'agira de créer ou d'agrandir un centre de colo» nisation, le Gouverneur général de l'Algérie, substitué au propriétaire qui » se propose de défricher, communiquera au Conservateur des forêts de la » circonscription l'état des parcelles boisées à défricher, avec plan à l'appui ; » cette communication remplacera la déclaration de défrichement exigée par » l'art. 219 du Code forestier et donnera lieu à une instruction conforme aux » dispositions de cet article.

» Article 6. — Le paragraphe suivant est ajouté à la nomenclature des » motifs d'opposition au défrichement énumérés à l'article 220 du Code fores» tier : 7° *à la fixation des terrains sablonneux sans consistance* (1). »

Une cause moins active, mais encore très appréciable de déboisement est l'abus du pacage dans les communaux de parcours ; ces terrains ont été attribués aux communes et aux douars ou tribus pour subvenir à leurs besoins en bois et en pâturage ; ce sont là deux mises en valeur du sol qui correspondent à deux modes de traitement absolument opposés : le recepage pour le bois, en vue de profiter de ses produits ligneux et de le faire repousser vigoureusement de souche, le non recepage pour la broussaille pâturée sans interruption, parce que l'abroutissement des jeunes rejets épuiserait les souches et les ferait périr ; il faut donc séparer le bois du pâturage pour appliquer à cha-

(1) Projet de loi.

cun d'eux le traitement qui lui convient; on pourra ainsi sauvegarder et restaurer de grandes surfaces boisées qui, recepées et interdites au bétail, constitueront de véritables forêts ; elles sauvegarderont l'intérêt général et aussi l'intérêt à venir des communes propriétaires, car il n'est pas douteux que, dans 25 à 30 ans, une pineraie conservée ou un bois feuillu recépé de proche en proche ne fournisse à une commune des produits en bois ou en argent qui seront pour elle une précieuse ressource.

Le Service forestier de la Conservation d'Oran s'efforce de les faire entrer dans cette voie; il n'a qu'à se louer du concours actif du Gouvernement général et de l'Administration préfectorale, mais la plupart des communes sont peu disposées à accepter une diminution, même minime, de leurs ressources actuelles pour augmenter le rendement futur de leurs terrains.

Un grand obstacle à la constitution de nouvelles forêts, dans les communaux de parcours, provient de la réduction superficielle et de l'appauvrissement des pâturages; cette même diminution des ressources pastorales se remarque dans les Melks, elle provoque les 9/10 des nombreux délits de parcours qui dégradent les forêts de l'Etat, peuplées d'essences feuillues, et qui empêchent de les exploiter régulièrement.

Pour créer de nouvelles forêts et pour mettre en rapport celles qui existent, il faudrait encourager les colons à établir des prairies artificielles sur les points où l'irrigation est praticable et améliorer les communaux de parcours, en y semant, de proche en proche, sur des parcelles successivement interdites au bétail, pendant le temps nécessaire à leur repeuplement, les plantes fourragères qui viennent spontanément dans les pâturages algériens : nous citerons notamment l'atriplex halimus, l'alfa tortilis (petit alfa frisé), le trèfle incarnat, certaines espèces de sainfoin, le diss, le philarea et le lentisque ; l'Etat entrerait, pour une part, dans les frais d'achat ou de récolte des graines ; la préparation et, là où il serait possible, l'arrosage du terrain pourrait être demandé à la main d'œuvre indigène et, au besoin, des amendes infligées en vertu de la loi sur l'indigénat seraient transformées en prestations à la tâche pour concourir au même but.

L'augmentation de l'impôt sur les chèvres des indigènes et l'application du même impôt à celles que possèdent les Européens, nous avaient paru, tout d'abord, un moyen efficace de diminuer le nombre des chèvres et d'empêcher la ruine des bois et des broussailles pastorales; mais nous hésiterions aujourd'hui à conseiller cette mesure, car les pâturages de la province d'Oran sont tellement dégradés, que le grand bétail aurait peine à y vivre et que, dans beaucoup d'entr'eux, le mouton et surtout la chèvre peuvent seuls trouver leur nourriture ; pour arriver à supprimer le pacage des chèvres, en leur substituant de grands bestiaux, il faudrait restaurer progressivement les pâturages pendant un grand nombre d'années, séparer en troupeaux distincts les diverses espèces de bestiaux qui y paissent, aménager le parcours de chaque espèce d'animaux en deux zones, dont chacune serait mise en défens pendant une année, fixer un maximum de bestiaux à introduire dans chaque canton pour éviter une surcharge qui dégrade le pâturage et affame les animaux au détriment de leur santé et de leur rendement. Cette question de la production fourragère est intimement liée à celle de la conservation des forêts et tout aussi importante pour l'avenir agricole de la Colonie ; elle est, d'ailleurs, plus spécialement de la compétence de MM. les Inspecteurs de l'agriculture et de M. le Directeur du jardin d'acclimatation du Hamma.

Une mesure fort utile pour arrêter les déboisements serait la revendication par l'Etat des massifs boisés qui existent encore dans plusieurs tribus non sénatus-consultées et qui, jusqu'à preuve contraire, appartiennent au Domaine, en vertu de l'art. 4, § 4 de la loi du 16 juin 1851 ; on en compte environ 4,800 hectares dans le Dahra, peut-être autant sur la commune mixte d'Ammi-Moussa, une quantité indéterminée sur la commune mixte d'Aïn-Fezza (arrondissement de Tlemcen), et très probablement des surfaces étendues sur d'autres points qui ne nous ont pas encore été signalées ; les indigènes y exercent librement le campement, le pacage, la culture des vides, l'arrachis du chêne kermès ; souvent même ils s'en font déclarer propriétaires par de prétendus actes de notoriété que les cadis délivrent très complaisamment, et ils les vendent à des Européens ; sur bien des points, mais nulle part autant que dans les sables du Dahra, cette diminution progressive du sol boisé est très préjudiciable à l'intérêt public.

La reconnaissance de ces boisements domaniaux s'effectue, en ce moment, sur le territoire des Abd-el-Oued (Aïn-Fezza), sur d'autres points les agents manquent ou sont absorbés par d'autres travaux, et il serait nécessaire de recourir à une Commission du service extraordinaire.

Enfin, il y aurait lieu de prévenir l'appauvrissement et finalement la disparition des forêts de l'Etat situées en territoire de commandement, qui ont été remises à la gestion militaire, suivant arrêté gouvernemental du 22 décembre 1875 ; elles se trouvent vers la limite du Tell et des Hauts Plateaux et figurent sur les sommiers forestiers pour une surface revendiquée de 135,900 hectares (1), mais nous pensons que leur surface réellement boisée est réduite environ d'un tiers ; elles sont, en effet, nominalement surveillées par les caïds, mais graduellement dégradées et appauvries par la jouissance à peu près illimitée des indigènes comme campement, culture de vides, pacage de chèvres et de chameaux et par les abus d'exploitation des Européens qui y obtiennent des coupes ; ces massifs ne peuvent être conservés que par un retour au régime forestier, et le boisement de la plupart d'entr'eux importe à l'intérêt général, car ils forment à la lisière du Tell un rideau de protection contre le vent du Sud et un couvert destiné à empêcher l'évaporation rapide

---

(1) Sur cette superficie 100,000 hectares environ vont être replacés sous l'action directe du Service des forêts, par suite de la remise à l'autorité civile des tribus et douars sur le territoire desquels ces massifs sont situés. (Note de l'administration.)

des eaux pluviales qui alimentent les sources. Mais leur rétrocession au Service forestier ne saurait être prononcée en bloc ; il faut tout d'abord y séparer ce qui doit rester forêt des terrains nus et embroussaillés nécessaires à la satisfaction des besoins des indigènes, et cette tâche exige l'emploi d'agents spéciaux constitués en Commission.

MESURES A PRENDRE POUR AMÉLIORER LES BOISEMENTS EXISTANTS.

Le second moyen, à prendre pour accroître l'influence climatérique et hydrologique des forêts, comme aussi pour augmenter leur rendement, consiste à protéger et à améliorer les boisements actuels ; dans les massifs soumis au régime forestier de la province d'Oran, il y a beaucoup à faire à ce point de vue : poursuite des délits, facilité donnée à la surveillance par la création de maisons forestières, interdiction du parcours dans les cantons non défensables, prohibition du pacage des chèvres, sauf à les cantonner, en cas de nécessité reconnue, sur certaines lisières à l'exclusion du surplus des massifs, etc. ; ce sont là les objets habituels du Service des agents.

Mais cette amélioration résulte plus directement de deux sortes de travaux : le recépage des bois autres que le pin et le repeuplement des vides :

4° Un bois longtemps abrouti par le bétail reste indéfiniment buissonnant, le recépage rez-terre avec un instrument tranchant lui fait produire des rejets élancés qui, en grossissant, fournissent de la charbonnette, du rondin et même, pour certaines essences, du quartier et du bois d'industrie.

Il introduit dans les taillis une gradation d'âges, qui permettra ultérieurement de les aménager.

Enfin, quand l'épuisement des melks obligera les consommateurs à se pourvoir de bois dans les forêts domaniales, ce ne sont pas des broussailles qu'ils leur demanderont, mais du bois à charbon et du bois de feu ; il faudrait donc préparer dès maintenant, par des recépages annuels, l'approvisionnement futur.

Le recépage est donc indispensable et urgent, à la condition, toutefois, que le bétail n'ira pas dans les jeunes taillis ; ce travail doit être entrepris partout où il n'est pas onéreux pour l'Etat, et nous avons donné des instructions dans ce sens aux agents sous nos ordres ; malheureusement le manque de débouchés ne permet de l'effectuer que sur un petit nombre de points et la grande masse des boisements domaniaux est encore inexploitée et inexploitable.

2° Le repeuplement des vides rentre dans le chapitre des reboisements dont nous allons nous occuper.

REGARNI DES VIDES DANS LES FORÊTS EXISTANTES.

Le 3° moyen à prendre pour remédier à la dénudation progressive de la colonie consiste dans les reboisements ; il y en a de deux sortes, suivant qu'ils ont en vue le regarni des vides dans les forêts existantes ou la création de forêts nouvelles.

Les 488,515 hectares de bois soumis au régime forestier, dans la province d'Oran, présentent des vides très nombreux qui s'étendent au moins sur 1/5 de leur surface, si l'on y comprend les petites clairières partout disséminées, et sur 1/20 de cette même surface si l'on ne considère que les vides d'une certaine étendue ; ils sont dus aux incendies et aux abus de pacage ; sur les 96,144 hectares affranchis de droit d'usage, ils tendent à se réduire par le repeuplement naturel que ne vient pas contrarier le pâturage du bétail ; sur les 392,371 hectares non affranchis, ils ne diminuent pas, et même, sur plusieurs points, ils tendent à augmenter par suite de l'introduction du bétail ; cette augmentation est surtout sensible dans les forêts du cercle de Daya où les indigènes sont autorisés à cultiver une grande partie de vides qui ne sont pas nettement délimités et à camper, avec leurs chèvres, dans un certain nombre d'entre eux.

Quelques vides forestiers, en petit nombre, s'étendent sur plusieurs centaines d'hectares et leur repeuplement importe, non seulement à la mise en valeur du sol, mais à l'intérêt général.

Il nous paraît impraticable dans les forêts parcourues par le bétail en Algérie : un reboisement est une opération très coûteuse et, eu égard aux sécheresses de l'été, sa réussite est problématique ; à cette chance considérable d'insuccès, il ne faut pas joindre celle qui résulterait du pâturage, qu'il serait presque impossible d'interdire efficacement sur les surfaces repeuplées.

Il est praticable et très utile dans les forêts dégrévées de droits d'usage, indispensable et urgent dans les dunes et dans les forêts du Dahra qui, comme l'Agboub et En Naro, par exemple, couvrent des collines sablonneuses et arrêtent la progression des sables mouvants vers les plaines de l'Hillil et de Relizane.

5,000 hectares environ sur près de 25,000 hectares de vides seraient donc à reboiser actuellement dans les forêts domaniales de la province ; sur ces 5,000 hectares, le reboisement, regarnis compris, coûterait 1,500,000 francs, la moitié de cette surface, soit 2,500 hectares, devrait être repeuplée le plus tôt possible pour fixer les sables.

REBOISEMENTS PROPREMENT DITS : CRÉATION DE FORÊTS NOUVELLES.

La création de forêts nouvelles n'est donc qu'un moyen tout à fait secondaire de remédier au déboisement progressif ; nous ajouterons que c'est une opération très onéreuse, si l'on tient compte de ses nombreuses chances d'insuccès.

Les reboisements opérés dans la province d'Oran, avant 1870, y ont créé au maximum 220 hectares de pineraies, bien qu'ils aient porté sur une surface double ; nous n'avons pas le compte des sommes dépensées, mais nous croyons ne pas exagérer en le portant à 500 francs par hectare, y compris les regarnis, mais non compris les frais de garde.

Ces massifs n'ont encore rien rapporté; on y pratique maintenant des nettoiements de brins dominés, pour améliorer le peuplement et diminuer les chances d'incendies, mais cette opération, fort utile pour l'avenir, coûte 2 1/2 à 5 fois autant que la valeur des bois abattus ; quand la pineraie de Santa Cruz, près d'Oran, sera âgée de 50 ans, elle produira tout au plus de quoi payer le salaire annuel du garde-commis à sa surveillance.

Les bois de pins d'Alep ainsi constitués peuvent être radicalement détruits par un incendie.

Contrairement aux autres essences forestières, les Pins, de même que les Eucalyptus, sont très avides d'eau et dessèchent le sol ; si leur voisinage n'élève pas la température, il est au moins fort douteux qu'il l'abaisse d'une quantité aussi minime qu'elle soit.

Un semis de pins d'Alep et de chênes-liége a été effectué sur 10 hectares de la pente nord de Santa-Cruz, en novembre 1882, et complétement renouvelé en pins en novembre 1883 ; il a été exécuté avec soin, sur des trous piochés à 0,45 en longueur, largeur et profondeur, en bon sol, sur un terrain garni de broussailles et rafraîchi par la brise de mer, à chaque printemps le semis s'est montré abondant, mais il a été dévoré par les ardeurs de l'été, presque aucun pin n'a survécu et les chênes épars qui ont résisté couvriront à peine le dixième de la superficie.

Le résultat est analogue sur les autres points de la Conservation où l'on a reboisé par semis en 1882 et 1883.

La réussite n'est probable que sur les points où il est possible d'arroser, partout ailleurs elle est très problématique, à moins que le repeuplement ne coïncide avec une année pendant laquelle il se produit quelques pluies d'été.

Qu'un particulier obtienne de bons résultats sur une plantation de quelques hectares voisine de son habitation et arrosée quand il est besoin, il n'y a là rien d'étonnant, le gouvernement et les corps élus doivent encourager ces efforts louables qui créent un peu de verdure et de fraîcheur dans un pays dénudé ; il est très utile de subventionner les Ligues de reboisement qui les provoquent, et si chaque colon pouvait faire pousser un seul arbre il y aurait certainement un grand bien produit, mais on n'obtiendra jamais par ce moyen un reboisement étendu sur des surfaces nues et desséchées situées en montagnes ou sur des terrains éloignés des eaux.

Est-ce à dire que le reboisement de ces surfaces soit absolument impraticable et qu'il faille y renoncer? Telle n'est pas notre pensée pour plusieurs points de la province; il faut reboiser, coûte que coûte, dans l'intérêt général : pour fixer les sables du Dahra, pour empêcher quelques localités de devenir inhabitables par la réfraction du soleil sur des escarpements dénudés, pour protéger des sources importantes, pour maintenir des pentes affouillables par les pluies d'orage et dominant des cultures, des villages, des routes ou des voies ferrées ; il y aura lieu de repeupler certaines surfaces, dût-on y revenir 3 et 4 fois ou y faire amener de l'eau en été par des animaux de bât, pendant es deux premières années de la plantation ou du semis ; mais les sacrifices de l'Etat ont une limite et les surfaces ainsi repeuplées, en dépit du soleil d'Afrique, seront forcément restreintes ; ce serait donc, croyons-nous, une pure illusion de compter que ces reboisements constitueront de grands massifs et rendront à la végétation forestière le dixième de ce qui lui a été enlevé depuis 1870 par les défrichements.

Mais, dira-t-on, les déboisements ont porté sur de misérables broussailles et les reboisements donneront des forêts. Cette assertion ne tient pas compte du fait suivant : la broussaille n'est pas autre chose qu'une forêt abroutie, quand elle n'a pas été ruinée par l'arrachis des souches pour fabriquer du charbon ou de l'écorce ; il suffit de la receper et de l'interdire au bétail pour qu'elle donne une forêt plus compacte et mieux constituée, pour protéger les intérêts généraux, que toutes celles qu'on parviendra à créer artificiellement ; mieux vaut donc recéper et mettre en défends un hectare de broussailles que reboiser un hectare de terrain nu ; nous n'avons pas besoin de faire ressortir celui des deux procédés d'amélioration qui est le plus simple et le moins coûteux.

Dans les mémoires produits sur la question qui nous occupe, les agents forestiers de la province d'Oran évaluent à peu près comme il suit les surfaces qui devaient être : 1° achetées par l'Etat et reboisées en dehors du sol forestier ; 2° interdites au pacage avec indemnité de l'Etat aux propriétaires ;

CANTONNEMENTS	TERRAINS A RESTAURER EN DEHORS DU SOL FORESTIER				OBSERVATIONS
	Par l'achat et le reboisement		Par la mise en défense		
	Communaux	Particuliers	Communaux	Particuliers	
	HECT.	HECT.	HECT.	HECT.	
Mostaganem	900	6.620	3.000	2.500	
Ammi-Moussa	7.000	»	3.500	»	
Mascara	»	1.300	»	1.700	
Tiaret	500	»	»	»	
Sebdou	500	1.000	4.000	»	
Sidi-bel-Abbès	1.500	»	1.850	»	
Chanzy	1.925	»	2.055	»	
Daya	»	»	»	»	
Tlemcen	133	1.778	»	»	
Sebdou	»	»	»	5.000	
TOTAUX	12.558	10.698	14.405	9.200	Le rapport signale de nombreux terrains à mettre en défens, mais sans donner leur contenance.
	23.256		23.605		
	Soit en nombre rond :		Soit en nombre rond :		
	23.250		23.600		

Pour les terrains à reboiser, le prix moyen à l'hectare nous paraît devoir être établi au minimum comme il suit :

Boisement 180 francs. Entretien et regarnis 120 francs. Achat 20 francs. Total : 320 francs. Soit pour 23,250 hectares, 7,440,000 francs.

Pour les terrains à mettre en défends : 4 francs d'indemnité par hectare et par an pendant 10 ans, soit pour 23,600 hectares 944,000 francs.

Le total des frais prévus s'élèverait donc à 8,384,000 francs.

Nous avons peine à croire que l'Etat soit à même de consacrer une pareille somme aux reboisements dans la conservation d'Oran, avec la perspective de voir ses avances improductives de revenus pendant 30 ans au moins et productives d'un revenu à peine égal aux frais de surveillance pendant les 20 années suivantes.

Nous devons en outre présenter les observations ci-après :

1° L'application de ce programme de reboisement nécessiterait la création d'une Commission spéciale d'agents forestiers pour étudier et repeupler les périmètres, car l'instruction compliquée qu'exige la loi du 4 avril 1882, sur la restauration des terrains en montagnes, demande un temps qui manque à tous les agents du service actif et des connaissances spéciales qui manquent à plusieurs d'entre eux ; une Commission opérerait avec plus d'unité, de suite et de rapidité que des agents obligés d'agir isolément et absorbés par leur service journalier.

2° La création des forêts nouvelles et leur surveillance nécessiteraient l'augmentation du nombre des gardes et des brigadiers.

Sur ces deux points, la dépense à supporter par l'Etat devrait être ajoutée aux frais du reboisement.

3° Le programme suppose que les 23,250 hectares à acheter et à reboiser et les 23,600 hectares à mettre en défends tombent sous l'application de la loi du 4 avril 1882, supposée promulguée en Algérie ; mais cette loi n'a trait qu'aux terrains *en montagnes* et la moitié au moins des surfaces précitées ne saurait rentrer dans cette catégorie ; les terrains en plaine ou en côteaux et parmi eux la presque totalité des sables mobiles du Dahra ne pourraient donc être repeuplés qu'après achat de gré à gré aux propriétaires, sans faculté d'expropriation.

4° La mise en défends pendant 10 ans au plus des terrains à laisser aux propriétaires ne peut être efficace qu'à deux conditions : un recépage destiné à faire produire des rejets vigoureux à des peuplements feuillus longtemps abroutis, car, à défaut de cette exploitation, ils resteraient buissonnants et ne seraient pas plus défensables dans dix ans qu'aujourd'hui et une surveillance active par les gardes forestiers pour empêcher le pâturage.

Cette surveillance nécessiterait l'augmentation du nombre des gardes, et, par conséquent, une dépense supplémentaire.

Le recépage n'est pas prévu dans la loi, qui a été faite pour la France et ne se réfère pas à un état de boisement spécial à l'Algérie ; les propriétaires pourraient donc s'y opposer ; s'ils y consentaient, l'Etat aurait à en faire les frais qui seraient très supérieurs à la valeur des produits; enfin, comme les recépages seraient praticables, non pas en une fois sur toute la surface, mais de proche en proche pendant les dix années consécutives, le terrain ne serait pas défensable au bétail, à l'expiration de la période que la loi interdit de dépasser.

Après dix ans au plus, le terrain devrait être, soit laissé à la disposition du propriétaire qui redeviendrait libre d'y réinstaller tous les anciens abus, sauf le défrichement proprement dit, soit acheté à prix d'argent par l'Etat ; dans le premier cas, la mise en défense n'aurait eu aucun effet utile et les frais de garde de recepage et d'indemnité auraient été dépensés en pure perte; dans le second, ils n'auraient d'autre résultat que de faire payer plus cher par l'Etat un terrain qu'il aurait commencé à mettre en valeur à ses frais.

Il y aurait donc lieu, croyons-nous :

1° De restreindre la création de forêts nouvelles aux terrains où l'intérêt public fait du boisement une impérieuse nécessité; nous évaluons la surface des reboisements de cette catégorie au tiers environ de celle qui est signalée par les agents, soit à 7,750 hectares.

Le prix d'acquisition et de reboisement serait de 7,750 × 320 francs = 2,480,000 francs ;

2° De renoncer à mettre en défens des terrains communaux et particuliers à demi-boisés, mais d'acheter au compte de l'Etat et, autant que possible, de gré à gré les terrains de cette catégorie, dont la conservation est la plus utile ; on peut évaluer leur surface au tiers environ de celle qui est signalée par les agents, soit à 7,900 hectares et estimer l'hectare à 50 francs en moyenne, car la broussaille existante donne de la valeur à ces cantons au point de vue pastoral, ce qui fait pour prix d'acquisition 7,900 × 50 francs = 395,000 francs.

Comme on peut admettre en moyenne que la moitié de cette surface est boisée, le résultat utile obtenu par ces acquisitions suivies de reboisement sera le même que si l'on avait reboisé un terrain nu de superficie égale et coûtera moins du tiers ; si la broussaille couvrait tout le terrain, son achat par l'Etat, suivi de recepage, coûterait le 1/6 environ du reboisement et aurait les mêmes effets.

PROMULGATION DE LA LOI DU 4 AVRIL 1882

Dans la situation actuelle, la loi du 4 avril 1882, relative à la restauration et à la conservation des terrains en montagnes, comportera de rares applications dans la province d'Oran, pour les motifs ci-après détaillés :

1° Vu le haut prix et les chances d'insuccès des reboisements à opérer hors du sol forestier, leur surface devra être forcément restreinte ;

2° Plus de la moitié des terrains à reboiser se trouvent en plaine ou en coteaux et ne tombent pas sous l'application de la loi ;

3° Vu les formalités longues et compliquées qui hérissent cette dernière, en regard de la facilité avec laquelle s'effectue d'un indigène à un colon ou d'un colon à un autre la transmission de la propriété, son application en Algérie serait peu pratique ; on ne devrait y recourir qu'exceptionnellement, pour exproprier un propriétaire qui ne voudrait céder son terrain qu'à un prix notoirement exagéré ; encore croyons-nous que, même dans ce cas, il vaudrait mieux lui laisser sa friche ou sa broussaille et faire porter sur un autre point les acquisitions de l'Etat par voie d'entente amiable : les fonds destinés au reboisement manqueront certainement plus tôt que les superficies à reboiser et les sommes qui n'auront pas pu être utilisées sur une parcelle trouveront un emploi tout aussi fructueux sur d'autres.

L'application en Algérie de la loi du 4 avril 1882 nous paraît donc avoir, au point de vue des reboisements, un intérêt secondaire dans la province d'Oran, et la promulgation ou la non promulgation de son titre Ier nous laisse indifférent.

Quant au titre II, chapitre Ier, relatif à la mise en défens, nous le croyons sans application utile, dans la même province, pour les raisons données plus haut. En outre, cette application aurait pour résultat d'arrêter les soumissions au régime forestier, qui sont en voie de s'effectuer dans les parcours communaux ; on peut compter en effet que les communes écarteraient toute proposition de cette nature, pour obliger l'Etat à faire prononcer la mise en défens du terrain, à les indemniser pendant 10 ans de la privation de jouissance pastorale et à leur abandonner ensuite le canton pour en jouir comme pâturage, ou à l'acheter quand sa valeur aurait augmenté, aux frais même de l'Etat, par une interdiction décennale du parcours.

La promulgation de ce chapitre nous semblerait donc dangereuse et directement opposée au but à atteindre.

Le titre II, chapitre 2, concernant la réglementation des pâturages communaux nous paraît seul de nature à être appliquée avec fruit.

La loi qui nous occupe a été faite pour la France et, sauf dans le chapitre précité, vise une situation qui n'est pas analogue à celle de l'Algérie.

Il y aurait donc lieu d'étudier pour la colonie une loi spéciale concernant la restauration des terrains, soit en plaine, soit en montagne, dont le boisement ou l'embroussaillement est d'intérêt public.

RÉSUMÉ ET CONCLUSIONS.

Le déboisement des terrains impropres à la culture, dans la province d'Oran, stérilise chaque année plusieurs milliers d'hectares ; il a changé les conditions climatériques et hydrologiques du pays, a supprimé peut-être la moitié des ressources pastorales qui existaient en 1870 et, concurremment avec le déboisement utile qui s'opère pour la colonisation, il a produit dans le nord du Tell une pénurie de bois qui ira en croissant.

Les remèdes à cette situation sont les suivants :

I. *Mesures à prendre pour arrêter les déboisements.*

1° Interdiction temporaire de l'exportation des charbons et des écorces à tan ou, à défaut de cette mesure, promulgation d'une loi spéciale à l'Algérie qui permette de mieux défendre les boisements existants ;

2° Constitution, avec certaines portions des parcours communaux, de bois qui seront soumis au régime forestier, interdits au bétail et exploités au profit des communes, sections ou douars propriétaires ;

3° Création de prairies artificielles par les colons et améliorations des pâturages communaux et indigènes, l'insuffisance des ressources pastorales étant la principale cause de la ruine des forêts ;

4° Revendication par l'Etat, en vertu de l'article 4, § 4, de la loi du 16 juin 1851, de massifs boisés importants, non encore reconnus, qui sont journellement dégradés, usurpés ou vendus par les indigènes ;

5° Réintégration sous le régime forestier des bois de l'Etat situés en territoire de commandement et remis à la gestion militaire, suivant arrêté gouvernemental du 22 décembre 1875 ; cette réintégration aurait pour objet de prévenir leur appauvrissement rapide et leur réduction progressive.

II. *Mesures à prendre pour améliorer les boisements existants dans le but d'augmenter leur rendement et leur influence climatérique et hydrologique.*

1° Recepage des forêts feuillues, afin de raviver leur peuplement qui buissonne par suite d'abroutissements séculaires, d'introduire dans les taillis une gradation d'âges préparant leur exploitation régulière, enfin, de leur faire produire dans l'avenir les bois de charbonnette, de rondin et de quartier que demandera la consommation, dès qu'elle ne sera plus alimentée par les défrichements ;

2° Repeuplement des vides, dans les forêts domaniales où le bétail n'est plus autorisé à pâturer, soit sur environ 5,000 hectares dont 2,500 d'une restauration urgente dans un intérêt public de premier ordre, coût 300 francs par hectare, regarnis compris, soit 1,500,000 francs.

III. *Création de forêts nouvelles ou reboisements proprement dits.*

Ce remède à la situation présente est moins efficace et beaucoup plus coûteux que ceux que nous venons d'énumérer. En égard aux longues sécheresses, la réussite d'un reboisement n'est probable que quand on peut faire des arrosages ou quand le repeuplement coïncide avec une de ces rares années où il se produit quelques pluies d'été.

Un particulier peut reboiser quelques hectares de terres arables voisines de sa maison ou d'un point d'eau ; il fait œuvre utile et mérite tons les encouragements ; mais l'Etat est appelé à reboiser de vastes surfaces en sol dépourvu de terre végétale, nu, desséché et non arrosable, sa tâche est donc beaucoup plus difficile et le succès devient problématique ; généralement on ne l'obtient que par des regarnis souvent renouvelés et, dans ces conditions, on peut dire qu'un sol bien boisé a été semé ou planté deux ou trois fois.

Les frais de reboisement et de regarni dans des conditions moyennes, et plutôt favorables, ne sont pas inférieurs à 300 francs par hectare.

Le pin qui dessèche le sol et ne rafraîchit pas l'atmosphère, ne doit être employé qu'à défaut d'essences feuillues ou du moins qu'en mélange avec elles ; le chêne-liège dans les terrains siliceux et le chêne-yeuse dans les terrains calcaires ont des effets plus utiles et fournissent des rejets de souches après un incendie.

En ce qui concerne la province d'Oran, la création de forêts nouvelles doit donc être restreinte aux terrains où l'intérêt public fait du boisement une impérieuse nécessité : sables mouvants à fixer dans le Dahra, versants dénudés qui rendent inhabitables quelques localités en y renvoyant les rayons du soleil, protection de sources importantes, maintien de pentes affriables dominant des cultures, des villages, des routes ou des voies ferrées.

On peut évaluer approximativement ces terrains à 7,750 hectares dont l'achat et le boisement, regarnis compris, coûteront 320 francs à l'hectare, soit 2,480,000 francs.

On n'obtiendrait aucun résultat utile et on dépenserait en pure perte l'argent de l'Etat, si l'on mettait en défens pour dix ans ou plus, conformément au titre II, chapitre 1er de la loi du 4 avril 1882, les terrains communaux et particuliers dont la restauration importe à l'intérêt général, on arrêterait même les soumissions au régime forestier des portions les mieux boisées des communaux de parcours ; il y a donc lieu pour l'Etat d'acheter, de gré à gré, les terrains de cette nature dont le boisement doit être conservé et complété.

On peut les évaluer à 7,900 hectares dont l'achat coûterait au maximum 395,000 francs.

La loi du 4 avril 1882 sur la restauration et la conservation des terrains en montagnes n'est pas applicable à la moitié des terrains dont le reboisement serait nécessaire dans la province d'Oran et elle faciliterait peu ou point le reboisement des terrains en montagnes ; la promulgation de son titre 1er a donc peu d'intérêt.

Celle du titre II, chapitre 1er (mise en défens), est sans application pratique en Algérie et n'y produirait que des résultats opposés au but à atteindre.

Celle du titre II, chapitre 2 (réglementation des pâturages communaux), aurait seule un effet utile.

Cette loi, faite pour la France, vise une situation toute différente de celle de l'Algérie, et il conviendrait d'étudier pour la colonie une loi spéciale concernant la restauration des terrains, soit en plaine, soit en montagne, dont le boisement ou l'embroussaillement est d'intérêt public.

Mais, encore une fois, la création des forêts nouvelles est une opération accessoire et forcément restreinte ; les questions capitales, urgentes, vitales pour la colonie sont la protection efficace des forêts existantes, leur amélioration progressive et, si faire se peut, la restauration des pâturages.

Oran, le 30 septembre 1884.

Le Conservateur des Forêts,
A. MATHIEU.

ALGÉRIE

—

SERVICE DES FORÊTS

—

PROVINCE D'ORAN

—

APPLICATION DE LA CIRCULAIRE GOUVERNEMENTALE

DU 7 FÉVRIER 1884

BASSINS	CONTENANCE DES TERRAINS DÉJÀ BOISÉS						CONTENANCE DES TERRAINS À BOISER			ÉVALUATION DE LA DÉPENSE		OBSERVATIONS
		À L'ÉTAT		AUX COMMUNES OU TRIBUS		AUX PARTICULIERS	À L'ÉTAT	AUX COMMUNES OU AUX TRIBUS	AUX PARTICULIERS	ACQUISITION de terrains aux particuliers	FRAIS de boisement	
DÉSIGNATION	SUPERFICIE	Régulièrement soumis au régime forestier	Non encore soumis au régime forestier	Régulièrement soumis au régime forestier	Non encore soumis au régime forestier	non soumis et hors de l'emprise de l'administration forestière						
	HECTARES	HECTARES	HECTARES	HECTARES	HECTARES	HECTARES	HECTARES	HECTARES	HECTARES	FRANCS	FRANCS	
								RÉGION NORD				
CÔTE ET SEBHKA	414.886	14.117	3.500	2.117	4.982	3.196	»	»	»	»	»	
CHÉLIF	1.030.296	155.906	»	1.898	2.133	17.058	2.545	600	(1)13.900	387.000	3.172.000	(1) Dont 3.500 à recéper et à mettre en défense.
HABRA	458.928	149.541	12.187	1.656	9.512	22.200	2.454	(2) 1.500	1.720	84.400	632.900	(2) Cote de montagne dénudée.
MEKERRA	358.596	475.953	18.000	6.379	53.798	2.854	8.704	4.922	»	2.000	3.298.800	
TAFNA	767.650	83.522	38.200	613	10.500	5.000	284	292	1.778	72.900	683.000	
TOTAUX	3.429.734	527.429	77.887	12.604	85.627	50.086	14.017	12.704	17.398	446.300	7.716.600	Les résultats obtenus au présent travail de récapitulation diffèrent quelque peu de ceux consignés dans le tableau inséré à la fin du rapport de M. le Conservateur d'Oran; cette différence s'origine, d'ailleurs, tels qu'on ne pouba l'admettre dans des évaluations aussi peu précises.
								RÉGION SUD				
BASSINS INTÉRIEURS	»	»	80.000	»	»	»	»	»	»	»	»	

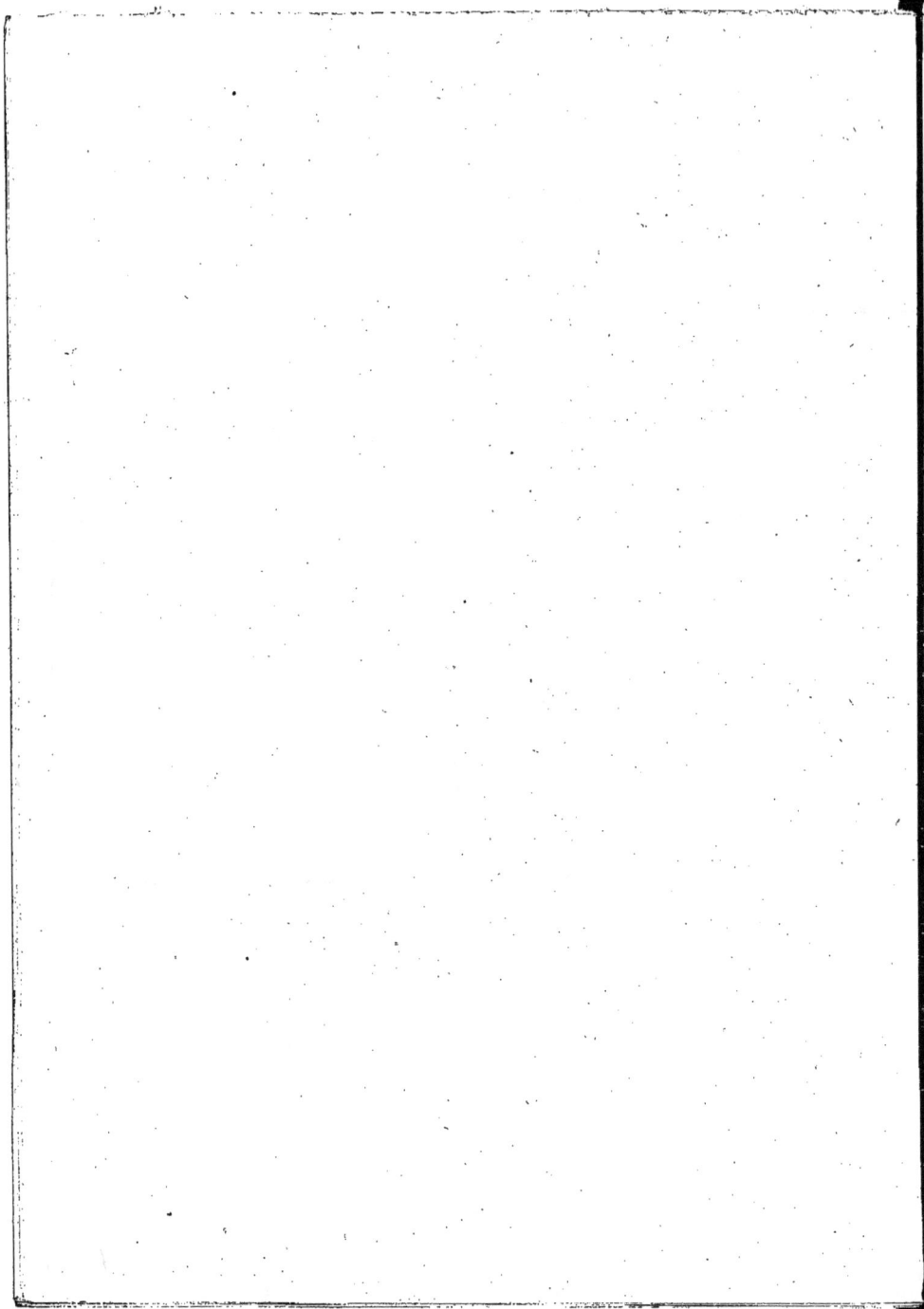

RAPPORT

DE

LA CONSERVATION DES FORÊTS DE CONSTANTINE

Il y a douze ans, une ère d'épreuves s'ouvrait pour l'Algérie ; pendant sept années consécutives, une sécheresse persistante est venue ruiner les campagnes, anéantissant les cultures sur certains points, ne laissant, sur d'autres plus favorisés, que de maigres récoltes. Sous l'influence de ce fléau et de l'action d'un soleil brûlant, les pâturages appauvris ne donnèrent plus une nourriture suffisante aux bestiaux. Aussi, une mortalité considérable eut lieu dans les troupeaux, notamment dans ceux des indigènes ; enfin, partout les eaux diminuèrent ; de tous côtés, des sources, de petits cours d'eau qui, de mémoire d'homme, n'avaient jamais tari, disparurent totalement, vouant à la stérilité des terrains dans lesquels des cultures industrielles ou maraîchères étaient aussi prospères que productives.

Un cri de détresse retentit de toutes parts ; on se demanda quelle pouvait être la cause de la rareté des pluies, de cette perturbation apportée dans le climat et dans le régime des eaux ? Dans l'opinion de tous, elle fut attribuée au déboisement.

Cette opinion n'est malheureusement que trop justifiée ; il est certain, en effet, qu'en Algérie les terrains boisés ont perdu, depuis un grand nombre d'années, beaucoup de leur étendue ; il est non moins avéré que ceux qui existent aujourd'hui à l'état, soit de forêts véritables, soit de broussailles, par leur appauvrissement, par la réduction de leur couvert, n'exercent plus sur le sol, comme sur l'atmosphère, une influence aussi énergique qu'autrefois.

Cette situation fâcheuse est le résultat des incendies considérables qui, prériodiquement, ravagent les grands massifs boisés, des défrichements lents, mais continus qu'opère la population indigène, toujours avide de se créer des terres, enfin de l'abus du pâturage.

Les effets désastreux des incendies ne sont plus à démontrer ; ils ont été d'autant plus considérables que le feu a porté, le plus souvent, ses ravages dans la zone d'habitation du chêne-liège, où des travaux de démasclage, la plupart récents, ont contribué à augmenter la mortalité des arbres, dans une proportion marquée. Aussi, là où jadis des futaies séculaires abritaient le sol, brisaient l'impétuosité des vents, favorisaient, par leur fraîcheur, la condensation des vapeurs de l'atmosphère, ne trouve-t-on que de jeunes peuplements se ressentant encore des ravages, tant du feu que des troupeaux des indigènes.

Dans les broussailles, attribuées à ces derniers comme terrains de parcours et non soumises au régime forestier, le mal a été pire encore ; les taillis modestes, il est vrai, mais serrés et ombreux, dont l'action était si bienfaisante, ont fait place à des broussailles rabougries, derniers restes des efforts de la nature pour remédier à l'imprévoyance de l'homme.

Dans ces mêmes terrains, là où le sol, par sa nature, par sa profondeur et sa richesse en humus, pouvait être utilisé, des défrichements complets ont eu lieu un peu partout, par parcelles plus ou moins étendues ; les mêmes abus se sont produits dans les forêts véritables, soit pour agrandir des enclaves, soit pour étendre les cultures contiguës à leur périmètre.

La population indigène est poussée dans cette voie, si fâcheuse par ses résultats, par diverses circonstances qu'il n'est pas sans intérêt d'examiner.

Avant la conquête, l'indigène ne cultivait guère que pour satisfaire ses propres besoins ; ses bestiaux, moins nombreux qu'aujourd'hui, étaient sa principale richesse. Les relations commerciales avec la métropole et les pays étrangers ont modifié profondément cette situation ; les céréales, très recherchées pour leur qualité, ont quadruplé de valeur ; les bestiaux font l'objet d'exportations considérables ; aussi, l'indigène a-t-il été poussé à étendre progressivement ses cultures, à ensemencer des terrains affectés primitivement à la vaine pâture, enfin à augmenter ses troupeaux, dont l'élevage lui coûte si peu ; de là, sa tendance, que rien n'arrête, à se créer des terres au détriment des terrains boisés et à envahir ces derniers avec ses troupeaux, pour subvenir à l'insuffisance de ses pâturages.

Ces quelques considérations indiquent à quelles causes multiples de destruction le régime boisé se trouve exposé en Algérie et donnent à entrevoir, par l'étendue du mal fait déjà, les effets qui peuvent en être la conséquence sur l'atmosphère, sur son état hygrométrique, conséquemment, sur les pluies, leur formation et leur distribution générale. Cette action a été contestée. Certains savants, quelques publicistes ont fait observer que les années de sécheresse affectaient un caractère périodique ; s'appuyant sur les récits bibliques, ils en ont constaté l'existence dans la plus haute antiquité ; aussi, ont-ils émis l'opinion qu'elles devaient être attribuées à une loi de la rotation du globe terrestre, à des effets astronomiques indéterminés et non à des modifications quelconques apportées à la surface de la terre.

Cette appréciation peut être juste, en ce qui concerne le retour plus ou moins périodique des séries annuelles de sécheresse ; sur ce point, le champ des suppositions est vaste et on peut considérer comme vrai, ou tout au moins comme vraisemblable, ce qu'on ne peut expliquer. Mais elle est incontestablement inexacte, au point de vue de l'action de l'état boisé du sol, sur le régime météorologique en général.

En remontant à la plus haute antiquité, on trouve trace d'observations qui attestent cette action ; les royaumes d'Argos et de Mycènes étaient autrefois réputés pour leur richesse ; les montagnes y étaient alors couvertes de forêts ; or, 300 ans avant notre ère, Aristote faisait remarquer qu'ils avaient perdu de leur fertilité, à la suite de leur déboisement. Il appelait l'attention de la population de l'Attique sur ce fait et lui conseillait de modérer ses jouissances abusives, en lui prédisant la défertilisation de son territoire.

L'Afrique, le grenier de Rome, possédait jadis de vastes forêts dont les grands fauves peuplaient les arènes du peuple roi. Bien des siècles avant l'occupation romaine, dans ces mêmes forêts, vivait l'éléphant ; Solin, Hérodote, Strabon, Pline, Plutarque y signalent son existence en grand nombre, non-seulement dans les montagnes de la Mauritanie peu éloignées du détroit, dans la Gétulie et l'Atlas, mais encore dans le sud de la Numidie, autour du lac Triton, le Chott el-Kébir de la Tunisie (1).

On doit en conclure que l'éléphant, à cette époque si éloignée de nous, trouvait sur le versant ouest et sud de l'Atlas, comme dans le sud de la Numidie, les eaux abondantes, les herbages épais qui lui étaient nécessaires, et qu'il a disparu avec les forêts, comme avec ces dernières ont disparu les eaux. La situation actuelle de l'Algérie n'est que la suite naturelle de cet état de choses.

Les montagnes du Liban étaient autrefois renommées en raison de leurs futaies de cèdre, dont les bois, de haute valeur, étaient exportés au loin ; elles sont aujourd'hui complétement dénudées ; aussi, les vallées qui s'étendent à leur pied, cette terre promise des Hébreux, dépourvues d'eau, ravagées par les torrents, sont signalées comme les plus arides du monde. (2).

Les vastes forêts de la Gaule, dont J. César parle dans ses Commentaires, ont été également en grande partie détruites. N'est-ce pas à cette cause qu'il faut attribuer aujourd'hui la sécheresse du Midi de la France ?

Aussi, à la place de terres fertiles, on ne trouve que trop souvent des plaines stérilisées par le dessèchement et le manque d'arbres (3). Les faits constatés par ces observations ne peuvent permettre de douter de l'action puissante des boisements sur le régime général des eaux ; on doit admettre, en principe, qu'à mesure que les forêts disparaissent, les sources se dessèchent, les pluies deviennent de plus en plus rares et que la terre perd tous les jours quelque élément de sa fécondité.

Les observations météorologiques et les lois générales de la physique donnent, du reste, une démonstration irréfutable de cette action.

La pluie est le résultat de la condensation des vapeurs aqueuses tenues en

(1) Le général Faidherbe. — *Les Eléphants des armées carthaginoises.*
(2) Lachâtre.
(3) A. Maury. — *Histoire des grandes forêts de la Gaule.*

suspension dans l'air ; elle se forme dans les hautes régions de l'atmosphère, lorsqu'il s'y produit un abaissement de température suffisant.

Ce refroidissement peut être occasionné par différentes causes ; les plus énergiques sont le passage de courants d'air dans un milieu ayant une température inférieure à la leur ; leur dilatation par une réduction de pression, leur rencontre avec des obstacles qui arrêtent leur marche ou la modifient.

A ces divers points de vue, les forêts jouent un grand rôle ; il est constant, en effet, comme l'ont démontré des observations faites avec le plus grand soin, qu'en forêt la température moyenne est plus basse qu'en terrain dénudé ; il en résulte que les vapeurs aqueuses entraînées par les courants atmosphériques doivent se condenser, lorsqu'elles rencontrent des massifs boisés et les traversent. Mécaniquement, ces massifs produisent le même effet, par le temps d'arrêt qu'ils opposent aux courants ; en effet, par suite des difficultés que ces courants rencontrent dans leur passage et du ralentissement de vitesse qui est la conséquence de la résistance opposée, non seulement par les arbres contre lesquels ils se brisent, mais par la masse d'air qui les précède et qu'ils refoulent, il se produit un mouvement ascendant, d'autant plus énergique que la vitesse initiale du courant est grande ; la masse ascendante atteint les régions élevées où la pression est moindre, elle se dilate, se refroidit et les vapeurs aqueuses qu'elles renferment se condensent en pluie ou en neige, suivant l'intensité plus ou moins grande du refroidissement.

Ces considérations démontrent l'action directe des bois à l'état soit de masses compactes ou de forêts, soit d'arbres en rideau et même isolés, sur la formation des pluies ; elles expliquent pour quelle raison la région du littoral, qui est encore dotée de grandes forêts et d'épais couverts de broussailles, reçoit proportionnellement des quantités d'eau plus considérables que celle des hauts plateaux et de l'intérieur ; pourquoi, enfin, les pays de montagne sont plus favorisés que ceux de plaine.

Dans les terrains, entièrement dépourvus de bois et d'abris naturels, le sol s'échauffe sous l'action des rayons du soleil, sa température élevée se communique aux couches d'air avec lequel il est en contact ; ces dernières s'élèvent alors dans l'atmosphère, mais elles y conservent longtemps leur calorique ; leur refroidissement ne se produit le plus souvent qu'à de grandes distances de leur point de départ, circonstance qui explique clairement pour quelle raison certaines régions, certaines localités, même peu étendues, semblent entièrement déshéritées et ne reçoivent que des quantités de pluies insignifiantes, quand, autour d'elles, ces dernières s'y déversent en abondance.

Le Hoggar offre, de ce phénomène, l'exemple le plus remarquable qu'on puisse citer ; après avoir traversé le Sahara, les courants météoriques franchissent la chaîne montagneuse de cette région et, malgré son altitude assez élevée, car elle atteint parfois 1,600 mètres, ne subissent qu'au delà un abaissement suffisant pour la condensation des vapeurs d'eau qu'ils renferment en suspension ; aussi, sur les versants nord du Hoggar, les pluies sont presque inconnues ; au dire du célèbre explorateur Duveyrier, souvent, pendant sept ou huit années, elles se réduisent à quelques ondées ; sur le versant sud, au contraire, elles sont extrêmement abondantes et tombent régulièrement. Là, il est vrai, on retrouve de vastes forêts ayant, en partie déjà, la vigoureuse végétation des tropiques, tandis que, dans la région nord, on ne voit qu'à de rares intervalles et sur des points particuliers des bouquets de gommier et de térébinthe.

Le rôle des forêts ne s'arrête point là ; non seulement elles provoquent les pluies qui fertilisent les cultures et fécondent la terre, elles sont, en outre, comme autant de bassins d'approvisionnement d'où les eaux nécessaires à la vie s'échappent en donnant naissance à des sources, aux rivières et aux fleuves.

Un terrain boisé présente à sa surface une couche plus ou moins épaisse, formée du détritus de feuilles et de débris ligneux décomposés ; cette partie du sol est très perméable ; elle possède des propriétés spongieuses remarquables ; aussi, absorbe-t-elle les eaux pluviales, au fur et à mesure de leur chute, les forçant ainsi à pénétrer par infiltration directe ou en suivant les racines des arbres dans les couches inférieures du sol, d'où elles ne s'échappent que lentement, par les lignes de fond qui les déversent dans la mer. Cet emmagasinage des pluies est aussi facilité par les mille débris organiques qui jonchent le sol des bois et forment comme autant de barrages naturels, pour retenir les eaux sur les pentes et en retarder l'écoulement.

A ce point de vue, l'action des forêts est éminemment précieuse ; elle a, en effet, pour résultat d'égaliser et de régulariser le cours des eaux, de rendre impossible les inondations, ce second fléau de l'époque actuelle qui n'est, en réalité, que la conséquence des déboisements. Il y a lieu d'ajouter que c'est grâce à cette influence bienfaisante que l'agriculture peut, si merveilleusement, tirer parti des eaux des rivières et des fleuves, comme des plus modestes ruisseaux, pour les irrigations qui lui permettent de varier ses cultures, de multiplier ses productions presque à l'infini ; c'est à la même cause enfin que l'industrie doit un de ses plus puissants moyens d'action, en utilisant la force vive développée par les masses d'eau en mouvement.

Des faits et des considérations qui précèdent, il résulte que le reboisement est le moyen le plus sûr à employer pour ramener les pluies, dans les régions les plus exposées à la sécheresse ; il en ressort aussi que, pour atteindre le plus complètement possible ce résultat, la multiplication des plantations sur tous les points d'un territoire, même à l'état d'arbres isolés, la création de massifs, aussi étendus que possible, sur les hauteurs ainsi que sur les versants des montagnes exposés aux vents amenant habituellement les pluies, doivent faire l'objet de tous les efforts des peuples soucieux de leur prospérité et de leur avenir.

Ces principes généraux étant bien établis, il importe d'examiner dans quelles conditions se trouve aujourd'hui le département de Constantine, d'étudier attentivement sa configuration, son relief, la situation, l'étendue et surtout la répartition des massifs boisés qu'il renferme, afin de rechercher dans quelle mesure et à l'aide de quels moyens le régime général des eaux pourrait y être amélioré.

Quand on examine une carte du département de Constantine, on est surpris, tout d'abord, du relief mouvementé du sol ; dans la zone du littoral, comprise à peu près entre le 37° et le 36° degré de latitude, l'œil se perd au milieu d'une série de chaînes montagneuses, d'une altitude souvent assez élevée, dont les ramifications s'étendent en tous sens ; en arrière, on découvre de vastes espaces où des ondulations, plus ou moins marquées, donnent naissance à des dépressions parfois très étendues, au fond desquelles les eaux s'accumulent et forment une série de grands lacs ; plus au Sud, enfin, les pentes se redressent et se terminent par une ligne de faîte, d'altitude variable, qui sépare définitivement la région Nord ou Méditerranéenne de l'immensité du Sahara.

Un examen plus attentif permet bientôt de constater que les chaînons montagneux qui descendent à la mer ont une direction uniforme, du Sud-Ouest au Nord-Est ; leurs lignes de crête sont sensiblement parallèles, non seulement entre elles, mais encore avec les croupes, souvent très accentuées, circonscrivant les divers bassins des Chotts et, enfin, à la grande ligne de faîte dont il vient d'être parlé ; on voit, ainsi, qu'ils ne sont, en réalité, que de gigantesques éperons se détachant de cette dernière et lui servant en quelque sorte de soutien.

Ces chaînons principaux, en allant de l'Est à l'Ouest, sont : le Djebel Chéchar qui se relie aux montagnes de la Tunisie — l'Aurès, avec ses nombreux rameaux, dont les Zibans au Sud-Ouest ; puis, à l'Est, la chaîne non interrompue qui traverse les Haractas, les Hannenchas et la Kroumirie, ne sont que les prolongements, — les montagnes s'échelonnant de Batna à La Calle et séparant les régions d'Aïn-Beïda et de Guelma — celles dont Constantine est le point presque central et dont les rameaux extrêmes descendent, d'un côté, dans la plaine du lac Fetzara, de l'autre, au Hodna — l'Edough — le Ferdjioua — le Zouagha et les Babors, auxquels se rattache le massif si accidenté de la petite Kabylie — les Bibans, l'Ouennougha et leurs annexes, enfin, le Djurdjura.

De cette disposition topographique du département découlent diverses conséquences qu'il importe, dès maintenant, de résumer.

Le relief général du département est éminemment favorable à la formation des pluies ; en effet, les vents qui traversent la Méditerranée se heurtent contre les diverses chaînes montagneuses, s'élevant ainsi à des hauteurs parfois assez grandes, et par le refroidissement qu'ils éprouvent se débarrassent, sur leur parcours, des vapeurs aqueuses dont ils se sont saturés. Il en est de même des courants qui viennent du Sahara ; ils perdent de leur haute température en franchissant les crêtes élevées qui dominent la région des Hauts-Plateaux et la couvrent souvent d'épaisses couches de neige.

Cet état de choses donne la raison de la fréquence des pluies dans la région méditerranéenne proprement dite, comme dans la zone déterminée par la ligne de partage des eaux du bassin saharien ; il explique, en même temps, leur peu d'abondance et même leur rareté, dans la région intermédiaire ou des Hauts-Plateaux. Lorsqu'ils atteignent cette région, les vents ont en partie perdu leurs vapeurs aqueuses ; en outre, ils reprennent une température plus élevée et, ne rencontrant aucun obstacle, la traversent rapidement, sans que le surplus des vapeurs puisse se condenser. Parfois, cependant et exceptionnellement, sous l'influence d'une dépression barométrique, par exemple, ils s'y précipitent avec une violence extrême et y déversent des pluies tellement abondantes qu'elles donnent naissance à de véritables torrents ; c'est ainsi qu'assez fréquemment des inondations, de quelques heures, se produisent, enlevant des campements entiers, en noyant les habitants avec leurs troupeaux.

— Il n'est pas sans intérêt de faire observer que l'action du relief du sol se trouve puissamment augmentée par l'état boisé de ce dernier ; la zone du littoral renferme, en effet, des forêts considérables, des étendues très vastes couvertes de broussailles épaisses, qui contribuent énergiquement à provoquer la condensation des vapeurs aqueuses de l'atmosphère. Il en est de même des montagnes dominant les Hauts-Plateaux ; leurs sommets et une partie importante de leurs versants sont couverts de forêts séculaires, dont les plus importantes sont celles de l'Ouennougha, des Righas, du Bou-Thaleb, du Belezma et des Aurès. Dans les Hauts-Plateaux, au contraire, on trouve peu de forêts ; les rares boisements qui y subsistent encore, sont peu étendus ; ravagés par la population indigène, ils ne se composent que de broussailles rabougries, généralement clair-semées, dont l'influence sur l'atmosphère ne peut être que tout à fait secondaire. Il semble, dès lors, à priori, que c'est dans cette région qu'il importe de tenter tous les travaux de restauration nécessaires, pour y régulariser la marche des courants météoriques et y ramener les pluies.

A ce point de vue, le département de Constantine doit être divisé en trois zones distinctes : le littoral méditerranéen comprenant l'ensemble des vallées, dont les cours d'eau descendent directement à la mer ; la région centrale, caractérisée par les chotts, dans lesquels se déversent toutes les eaux pluviales ; enfin, la région saharienne qui s'étend jusqu'au désert.

ZONE DU LITTORAL.

Cette zone, limitée à la ligne de partage des eaux des principaux fleuves qui la traversent, a une largeur variant, à vol d'oiseau, de 100 à 160 kilomètres environ. C'est à l'Est du département qu'elle prend le plus d'extension ; elle remonte, en effet, jusqu'à Tébessa où la Medjerdah vient prendre sa source ; sa largeur moyenne est approximativement de 120 kilomètres.

Si l'on remarque que la ligne de partage des eaux qui la délimite, atteint rarement plus de 1,200 mètres d'altitude, on voit que la pente moyenne des cours d'eau est en général peu rapide : il en résulte que certains de ces derniers, bien qu'ayant des bassins de réception assez considérables, ne peuvent jamais prendre le caractère de torrents et devenir dangereux, au point de vue du maintien des terres. Aussi, les inondations sont peu à craindre et la question, si grave pour certaines parties de la France, de la restauration des montagnes n'offre ici qu'un intérêt très secondaire. Si, sur quelques points, des glissements de terre et des éboulements se produisent, ils n'ont aucune importance et se localisent, le plus souvent, dans les berges même des cours d'eau. Par sa composition géologique, le sol, du reste, oppose une résistance énergique à l'action érosive des eaux ; l'étude spéciale des bassins qui va suivre, permettra de donner, à ce point de vue, des détails plus complets et plus précis. Cette étude ne comprendra, bien entendu, que les cours d'eau véritables et ne s'étendra point aux nombreux ravins qui se déversent dans la mer, mais dans lesquels on ne trouve de l'eau que pendant l'hiver.

BASSIN DE L'OUED BOU-NAMOUSSA.

L'Oued Bou-Namoussa est le premier cours d'eau important que l'on rencontre en suivant le littoral, de l'Est à l'Ouest ; il se jette dans la mer, à peu près au centre du golfe de Bône, en un point désigné sous le nom de Mafrag. Il descend des montagnes des Beni-Salah et reçoit, à 2 kilomètres environ de son embouchure dans la mer, l'Oued El-Kebir, dont la source principale se trouve en Tunisie ; son bassin embrasse une superficie approximative de 237,044 hectares, répartis de la manière suivante :

Bassin secondaire de l'Oued El-Kebir, 93,045 hectares.
Bassin proprement dit de l'Oued Bou-Namoussa, 143,999 hectares.

Il convient d'examiner ces deux bassins séparément, car ils sont, en réalité, très distincts, bien qu'ils aient une même embouchure.

— L'Oued El-Kebir a sa source dans la Tunisie ; il pénètre dans la province de Constantine, à peu de distance du Bordj de Remel-Souk, s'engage dans la vallée boisée de Khanguet-Aoun, traverse la plaine du Tarf, le défilé de Bou-Redim et déroule son lit sinueux dans la vaste plaine, qui compose, en majeure partie, le territoire des tribus des Beni-Amar, Ouled-Dieb et Seba. Dans ce parcours, il reçoit de nombreux affluents, dont les plus importants, descendant des montagnes des Ouled-Ali-Achicha, Ouled-Youb, Ouled-Amar-ben-Ali et Ouled-Nasseur, sont : l'Oued-Bougous, l'Oued-Seba, l'Oued-Guergour et l'Oued-Cheffia.

L'Oued El-Kebir reçoit ainsi toutes les eaux des parties Nord du Djebel-Dighr, du Djebel-Ghoura, du Djebel-Bougous et du Djebel-Tagma ; au nord, son bassin est limité par une chaîne secondaire dont la ligne de crête, s'abaissant insensiblement jusqu'à la plaine, l'isole des bassins de réception dont les lacs Tonga, Oubeïra et Melah occupent les parties les plus basses.

Les sommets les plus élevés de ces diverses montagnes atteignent 1,150^m, mais leur altitude moyenne n'est guère que de 700^m. Quant à la plaine, son élévation au-dessus du niveau de la mer est en général de 24^m.

Le sol de cette dernière, de formation quaternaire, est composé de marnes sableuses; il est profond, malheureusement souvent trop humide, mais en général d'une grande fertilité ; il se prête avec succès à toutes les cultures, notamment à celles des céréales et du tabac. La population locale en utilise les gras pâturages pour l'élevage des bestiaux.

Dans la montagne et la vallée proprement dite de l'Oued El-Kebir, apparaissent les calcaires des terrains tertiaires, sous lesquels plongent les marnes calcaires et les grès quartzeux, de formation secondaire, qui constituent tout le relief montagneux, duquel descendent les affluents de la rive gauche de l'Oued-el-Kebir. Ces derniers terrains sont éminemment favorables à la végétation forestière ; aussi, trouve-t-on dans toute cette région des forêts importantes, dont le chêne-liège est l'essence dominante. Sur les bords des cours d'eau, notamment de l'Oued El-Kebir, on voit des futaies d'orme et de frêne de la plus belle venue et, çà et là, dans des bas-fonds marécageux, des bouquets d'aune et de saules. L'étendue totale occupée par ces forêts est de 46,881 hectares. Dans ce chiffre, 45,152 hectares appartiennent à l'Etat, 729 hectares aux communes, enfin 1,000 hectares aux particuliers.

Si, à la contenance des forêts proprement dites, on ajoute celle des massifs de broussailles, qui ont été attribués aux douars comme terrains de parcours et dont la superficie peut être évaluée à 5,000 hectares environ, on voit que, dans le bassin de l'Oued El-Kebir, il existe des boisements d'une étendue de 51,881 hectares, ce qui représente les 54,7 0/0 de ce territoire.

Ce chiffre indique suffisamment que la région sud de La Calle se trouve dans des conditions exceptionnellement favorables, pour faciliter la condensation des vapeurs aqueuses entraînées par le vent du Nord, en passant sur la mer. Il donne l'explication de l'abondance des sources et de l'existence, pendant une partie de l'été et même durant les grandes chaleurs, de courants d'eau assez importants, dans le lit, non seulement de l'Oued El-Kebir, mais de quelques-uns de ses affluents. Cet état de choses ne peut être attribué qu'à l'influence des boisements sur l'aménagement général des eaux pluviales, en facilitant leur pénétration dans les couches souterraines du sol et en régularisant l'écoulement de ces mêmes eaux.

— L'Oued Bou-Namoussa est désigné, sur les cartes de l'Algérie, sous le nom d'Oued Mafrag, à son embouchure, après sa jonction avec l'Oued El-Kebir dont il vient d'être parlé. Il est formé par la réunion des divers cours d'eau descendant des montagnes des Beni-Salah, des Ouled-Messaoud et des Merdès. Son bassin est séparé de celui de la Seybouse, par des ondulations de terrains qui, partant de la mer, traversent, sans pentes appréciables, une plaine d'environ 20 kilomètres de largeur. En atteignant le pied des montagnes des Merdès, la ligne des crêtes s'élève brusquement, se dirige d'abord au Sud, puis s'infléchissant vers l'Est, à peu près à la hauteur des villages de Duvivier et Mdjez Sfa, elle rejoint, après un parcours d'environ 80 kilomètres, la frontière de la Tunisie ; son altitude atteint jusqu'à 945 mètres.

La partie montagneuse de cet important bassin est composée de grès de formation tertiaire ; elle repose sur des assises puissantes de marnes calcaires appartenant aux terrains secondaires ; ces marnes, mêlées de sables, apparaissent à la naissance même de la plaine, dont elles constituent la base minéralogique ; elles sont bientôt recouvertes par les marnes, de formation quaternaire qui descendent jusqu'à la mer.

Il résulte de cette distribution des terrains que les eaux pluviales, après s'être infiltrées dans les grès, doivent s'écouler sur les couches marneuses et donner naissance, au pied des montagnes, à des sources abondantes. C'est ce qu'on remarque, en effet, dans cette région qui est abondamment pourvue d'eau. L'action du sol sur l'aménagement des pluies et la régularisation de leur écoulement est, du reste, puissamment augmentée par les massifs forestiers considérables qui recouvrent, en majeure partie, le pâté montagneux du bassin. Ces massifs sont peuplés de chênes-liége et de chênes-zéens, à l'état de haute futaie ; leur étendue totale est de 50,134 h. 02, dont 40,735 h. 31 appartiennent à l'État, 469 h. 28 aux communes et 8,926 h. 43 à des particuliers. Il y a lieu d'ajouter qu'au-dessous des forêts véritables, s'étendent des taillis broussailleux dont la propriété a été laissée aux indigènes comme terrains de parcours. Ces modestes boisements dont l'action, au point de vue du régime général des pluies et de l'aménagement des eaux, complète celle des forêts, d'une manière efficace, ont une superficie évaluée à 21,894 h. 74. D'où il résulte que l'étendue totale des boisements, compris dans le bassin de l'Oued Bou-Namoussa, est de 72,025 h. 73, ce qui correspond, en chiffres ronds, à 50 0/0 de sa superficie.

BASSIN DE LA MEDJERDAH.

La Medjerdah prend naissance au Djebel Halia, près des ruines de Kremissa. Elle passe au sud-est et à trois kilomètres de Souk-Ahras et pénètre en Tunisie, à 34 kilomètres environ de cette localité. Elle coule au fond d'une vallée étroite, assez accidentée, dont l'étendue totale est de 130,696 h., elle est grossie par quelques petits cours d'eau : sur la rive gauche, par l'Oued-Djedra qui passe à peu de distance de Souk-Ahras ; sur la rive opposée, par l'Oued Bou-Kaïa, l'Oued Bou-Amar et l'Oued Ghanem.

Dans la partie supérieure de son bassin, le sol est composé de calcaires et de marnes appartenant aux terrains secondaires, qui disparaissent, à douze kilomètres environ, au-dessous de Souk-Ahras, sous des poudingues et des grès de formation tertiaire ; sur la rive droite de la Medjerdah, on retrouve cependant des marnes, à mi-côte et sans interruption, sous forme de bande étroite, du Chabet Boukaïa à la frontière tunisienne.

Cette différence dans la composition minéralogique du sol réagit, d'une manière très marquée, sur la distribution des essences forestières ; dans le bassin de réception de l'Oued Djedra et sur la rive gauche de la Medjerdah, là où le sol est composé de grès mêlés de couches argileuses, on ne trouve que le chêne-liége et le chêne-zéen, à l'état de haute futaie ; sur la rive droite, et dans la zone marno-calcaire, ces deux essences sont remplacées par le chêne-yeuse, le pin d'Alep et le genévrier, dont l'état de végétation est plus ou moins satisfaisant, suivant le degré de profondeur du sol et la dureté des bancs qui en forment la base.

L'ensemble de ces boisements occupe une étendue totale de 18,751 h. 85, sur lesquels 17,318 h. 85 appartiennent à l'Etat, 259 h. sont la propriété des communes, enfin 1,174 h. ont été aliénés au profit de particuliers. Le surplus du territoire se compose de terres de culture et de pâturages.

Les terres de culture sont de bonne qualité ; sur la rive droite de la Medjerdah, leur fertilité laisse pourtant à désirer. Là, elles sont légères, parfois peu profondes et exigent, pour produire de bonnes récoltes, des pluies qui leur font de temps à autre défaut, ou ne sont pas suffisantes. Cette situation est la conséquence de l'état peu boisé de cette région et du voisinage des Hauts-Plateaux où les forêts ont disparu. Il est à remarquer en effet, d'après les chiffres qui précèdent, que, dans le bassin de la Medjerdah, il n'existe que 18,751 hect. 85 de forêts, ce qui ne représente que 12, 5 0/0 de la superficie. Cette proportion n'est pas suffisante, il y aurait intérêt à boiser les hauteurs, entre Mdaorouch et Khemissa, ainsi qu'à repeupler certains communaux, contigus aux massifs forestiers et échelonnés sur les deux rives de la Medjerdah.

BASSIN DE LA SEYBOUSE.

La Seybouse, qui vient se jeter à la mer sous les murs même de Bône, est un des cours d'eau les plus importants du département de Constantine ; elle est formée par deux rivières, l'Oued Cherf et l'Oued Bou-Hamdam, qui se réunissent à Mdjez-Amar, à 12 kilomètres et à l'ouest de Guélma. Son bassin occupe une superficie d'environ 607,577 hectares. L'Oued Cherf prend sa source au-dessous des ruines de Tifech ; il se dirige de l'Est à l'Ouest et reçoit les eaux, d'abord de l'Oued Trouch, qui descend des plateaux d'Aïn-Beïda, puis, plus loin, de l'Oued Goura ; il tourne alors brusquement au Nord-Ouest et fait jonction avec l'Oued Bou-Hamdam, après un parcours d'environ 70 kilomètres. Comme ses deux affluents, il s'échappe des marnes calcaires, de formation secondaire, qui apparaissent sur les hauteurs séparant le bassin du littoral de celui de la région des Chotts. Mais, comme eux, il s'engage presque immédiatement sur un parcours de 25 kilomètres environ, dans les terrains tertiaires caractérisés par des poudingues et des grès ; il traverse alors une nouvelle zone marneuse, quelques îlots gréseux, puis rentre dans les puissantes assises de grès, dans lesquelles le Bou-Hamdam traie son lit sur presque tout son parcours.

A partir de Mdjez-Amar, la Seybouse coule, au pied de ces assises, sur les marnes même dont il vient d'être parlé et qui forment la base géologique de toute cette région ; puis, elle s'engage dans des grès mêlés de poudingues, qu'elle ne quitte qu'à la naissance de la plaine s'étendant de Barral à Bône.

Dans cette dernière partie de son parcours, le sol est composé de marnes argileuses et calcaires qui se succèdent jusqu'à la mer.

En résumé, de cette description il ressort que le bassin de la Seybouse a pour base minéralogique des marnes argileuses et que son relief est constitué, en majeure partie, par des grès, des poudingues et des calcaires gréseux ; ces derniers bassins étant très perméables, il en résulte que les eaux pluviales, après les avoir traversés, doivent s'arrêter sur les marnes argileuses et, en s'écoulant à leur surface, former des nappes souterraines susceptibles d'alimenter, d'une manière continue, la Seybouse et ses affluents. C'est ce qui existe en réalité ; dans les arrondissements de Bône et de Guelma, qui embrassent la majeure partie de ce bassin, les eaux, en effet, sont abondantes ; des sources nombreuses déversent leurs eaux fraîches et limpides sur tous les points du territoire et donnent naissance à divers petits cours d'eau, dont la colonisation et les indigènes tirent un excellent parti, soit pour les irrigations, soit pour la création d'usines en utilisant les chutes. Sur certains points, des sources thermales viennent augmenter ces deux éléments de prospérité ; il y a lieu de citer, à ce point de vue, les eaux d'Hammam-Meskoutine, dont le débit, évalué à 1,000 litres par seconde, alimente le Bou-Hamdan — l'Hammam Berda, dont les eaux fertilisent le territoire d'Héliopolis, l'Hammam des N'baïls qui grossit l'Oued Ghanem — les sources chaudes du Ftouah qui se déversent dans l'Oued Hâlia, etc.

Si les eaux sont abondantes, on doit reconnaître, cependant, que leur débit est loin d'être régulier ; ainsi, pendant l'été, le Bou-Hamdam tarit presque chaque année, dans la partie supérieure de son cours ; l'Oued Cherf ne débite guère qu'un 1/20 de son volume d'eau au printemps. Le débit de la Seybouse se trouve ainsi tellement réduit que certains ruisseaux qu'elle reçoit suffisent pour rendre ses eaux saumâtres et malsaines. Cette situation s'explique par l'état complètement dénudé de la zone supérieure des bassins de réception de l'Oued Cherf et du Bou-Hamdam ; en effet, si on jette les yeux sur la carte forestière du département, on est frappé de l'absence complète de forêts dans la partie haute des deux vallées ; dans celle du Bou-Hamdam, on ne trouve aucun boisement, même à l'état de broussailles, au delà de Bordj-Sabath, c'est-à-dire dans un rayon de plus de 25 kilomètres en aval de ses sources (l'Oued Zenati et l'Oued El-Aria) ; il en est de même de l'Oued Cherf, où toute végétation forestière disparaît, à partir du territoire des Kherareb-Sellaoua. Si on observe que les lignes de crête qui limitent les bassins supérieurs de ces cours d'eau, ont une altitude qui atteint jusqu'à 1,000 mètres, que leur climat très froid doit déterminer presque toujours un abaissement de température marqué dans les courants météoriques et provoquer ainsi des pluies, souvent même des neiges abondantes, si, d'un autre côté, on remarque que les pentes des montagnes sont assez rapides, on est amené à conclure que les eaux ne peuvent point pénétrer assez profondément dans les couches inférieures du sol ; elles s'écoulent rapidement sur les pentes et se déversent dans la mer, laissant aux cours d'eau un débit essentiellement irrégulier.

La création de massifs boisés sur les hauteurs, la multiplication des plantations par bouquets et même par arbres isolés, notamment sur les bords des ravins les plus importants et les petits ruisseaux où les saules, les peupliers et autres essences à croissance rapide donneraient d'excellents résultats, enfin et surtout la construction de barrages sommaires, à l'aide de fascinages consolidés par des blocs de rochers et de la terre pour arrêter les eaux et régulariser leur écoulement, sont les seuls travaux qui paraissent devoir s'imposer pour modifier heureusement cette situation.

Ces travaux devraient, bien entendu, être localisés exclusivement dans la partie supérieure des deux bassins précités, car, au-dessous et jusqu'à la naissance de la plaine, on trouve des boisements importants à l'état de forêts ou de broussailles ; les essences dominantes sont : le chêne-liège, le chêne-zéen, l'olivier, le lentisque et le philaria.

Les massifs soumis au régime forestier ont une étendue totale de 50,121 hectares ; ils sont répartis de la manière suivante :

Forêts domaniales.................... 34.582 ⎫
Forêts communales.................. 1.684 ⎬ 50.121 hectares.
Forêts appartenant à des particuliers. 13.855 ⎭

A cette superficie, il y a lieu d'ajouter 68,329 hectares comprenant les massifs importants d'oliviers, qui existent dans les parties inférieures des vallées du Bou-Hamdam, de l'Oued Cherf et de la Seybouse supérieure, comprise entre Mjez Amar et Barral, ainsi que les taillis broussailleux de lentisque et philaria, classés dans les communaux de parcours des douars ou des communes. On voit ainsi que la superficie des boisements du bassin de la Seybouse est de 118,450 hectares, ce qui représente 19,5 0/0 de son étendue totale.

Cette proportion serait suffisante, si la répartition des massifs boisés était uniforme dans tout le bassin ; malheureusement, il n'en est pas ainsi, comme cela a été dit plus haut. La restauration, par des boisements, des parties hautes des bassins de réception de l'Oued Cherf et de l'Oued Bou-Hamdam, doit donc toujours être considérée comme nécessaire.

BASSIN DE L'OUED EL-KEBIR.

L'Oued El-Kebir se jette dans la mer au fond du golfe de Philippeville, entre les montagnes du Cap-de-Fer et du Filfila. Il est formé par la réunion de divers cours d'eau, l'Oued El-Hammam, l'Oued Mouger et l'Oued Menia ou Oued Fendeck, qui doivent être considérés comme ses sources principales, enfin, par l'Oued El-Aneb et l'Oued Ouïder. Les trois premiers prennent naissance dans des grès, de formation tertiaire, qui couvrent toute l'étendue de leur bassin et s'étendent, sur la rive gauche de l'Oued El-Kebir, presque jusqu'à la mer ; deux îlots de calcaire, appartenant aux terrains secondaires, percent seuls ces masses de grès et forment les pics du Djebel-Taya et du Djebel-Debar. L'Oued El-Aneb sort du versant sud de l'Edough, à la limite supérieure des calcaires gréseux, qui en forment la base minéralogique jusqu'à la plaine, où son lit se fraie dans des marnes et calcaires. Quant à l'Oued Ouider, il traverse presque partout des roches anciennes, formées de gneiss et micaschistes, dans lesquelles apparaît le granit sur bien des points.

Les terrains de ce bassin, dont l'étendue totale est de 168,500 hectares, sont en général de bonne qualité et se prêtent à toutes les cultures. Ceux de la partie inférieure de l'Oued El-Kebir sont très humides et même marécageux; les forêts et des étendues considérables de broussailles donnent des pâturages excellents pour les troupeaux nombreux que possède la population européenne et indigène locale.

Les eaux de sources y sont abondantes; celles des cours d'eau qui ne tarissent pas pendant l'été sont généralement saines.

Les terrains boisés sont très étendus; ils n'occupent pas moins de 106,519 hectares, répartis de la manière suivante :

Forêts domaniales .... 15.859 h. ⎫
Forêts communales .... 2.756 h. ⎬ 85.684 h.
Forêts particulières .... 67.069 h. ⎭
Broussailles non soumises au régime forestier.......... 20.935 h.

Le chêne liège est l'essence dominante dans les forêts de cette région; il fait l'objet d'exploitations importantes; sur quelques points, on trouve également le chêne zéen. L'olivier forme des massifs d'une certaine étendue; on le voit, en outre, presque partout, en mélange dans les broussailles.

Des chiffres qui précèdent, il résulte que les terrains boisés occupent 63,2 0/0 de l'étendue totale du bassin de l'Oued El-Kebir.

BASSIN DE L'OUED SAF-SAF.

L'Oued Saf-Saf se jette dans la mer, à 3 kilomètres environ et à l'Est de Philippeville. Il est formé par deux cours d'eau, l'Oued El-Arrouch, qui prend naissance au pied du pic du Bou-Arbid, à l'extrémité sud-est de la tribu des Zerdezas et l'Oued Smendou, dont la source est située à la limite des communes de Bizot et du Hamma. Il est grossi par divers affluents, l'Oued Ensa, l'Oued Zéramna et l'Oued Goudi.

Son bassin occupe une superficie de 144,880 hectares environ. Sa base minéralogique est formée, à peu près exclusivement, par des grès appartenant aux terrains tertiaires; quelques îlots calcaires et des schistes, de formation secondaire, en percent les puissantes assises, près d'El-Kantour et de Smendou.

Dans la petite vallée de l'Oued Maïgen, affluent de l'Oued El-Arrouch, apparaissent des calcaires nummulitiques et les schistes des terrains tertiaires qu'on retrouve encore sur les deux rives du Saf-Saf, entre St-Antoine et Damrémont, sur les mamelons qui dominent les alluvions de la partie basse de la vallée.

Les terrains formés par la décomposition de ces roches sont fertiles; ils se prêtent à toutes les cultures, notamment à celle de la vigne, qui prend cha-

que jour plus d'extension, tout particulièrement aux environs de Philippeville. Les eaux sont assez abondantes et de bonne qualité ; des prairies naturelles, des terrains broussailleux, qui fournissent d'excellents pâturages d'hiver,
permettent de donner une assez grande extension à l'élevage des bestiaux.

Des forêts de chênes-liège s'étendent sur toute la région montagneuse, à
l'exception de la partie haute de l'Oued Smendou, où les boisements disparaissent entièrement. Dans le fond des vallées, l'olivier est extrêmement abondant ;
aux abords des centres européens, notamment d'El-Arrouch, il fait l'objet
d'une culture très productive ; les huiles sont d'excellente qualité.

La surface occupée par les boisements que forment ces diverses essences,
est d'environ 27,194 hectares qui sont répartis de la manière suivante :

```
Bois domaniaux.................  8.925  )
Bois communaux...............  2.088  } 19.194  )
Bois particuliers ..............  8.181  )          } 27.194 hectares.
Broussailles non soumises au régime forestier..  6.000  )
Oliviers .......................  2.000  )
```

Ce chiffre ne représente, on le voit, que les 18.8 0/0 de la surface totale du
bassin de réception de l'Oued Saf-Saf. Bien que sa partie supérieure soit dénudée, les eaux pluviales y tombent en abondance : les vapeurs aqueuses ve-
nues de la mer se condensant, lorsqu'elles atteignent les crêtes, assez élevées,
qui séparent ce bassin de la vallée du Rhummel. Des plantations n'y seraient
cependant pas sans utilité, pour régulariser l'écoulement des eaux.

BASSINS DE L'OUED AGMÈS, L'OUED BIBI ET L'OUED OUDINA.

Ces petits bassins n'offrent aucune importance, au point de vue du régime
des eaux ; ils ne s'étendent pas, en effet, à plus de 12 kilomètres de la mer ;
ils renferment, du reste, des forêts d'une étendue d'environ 4,493 hectares,
dont 1,004 appartiennent à l'Etat et 3,489, à des particuliers. En outre, une
surface, à peu près égale, est couverte de broussailles qui descendent jusqu'à
la mer, notamment sur le territoire des Ouled-Nouar et de M'Salla. Leur étendue totale est de 24,948 hectares.

BASSIN DE L'OUED GUEBLI

L'Oued-Guebli se jette dans la mer, à l'Est et à 6 kilomètres de Collo. Il
prend naissance, à 60 kilomètres environ de cette localité, sur le versant Nord
des montagnes, qui séparent les Maouïas des Beni-Ouelben, et dont le point le
plus élevé est le pic de Sidi Dris (1270ᵐ). Ses sources forment l'Oued Khanga
et l'Oued Feça ; sur son parcours, il reçoit divers affluents, dont les plus importants sont l'Oued Beddaria, l'Oued Sakra et l'Oued Izouaguar ou Oued
Touffout.

Son bassin occupe une étendue de 97,488 hectares. Il est très montagneux. Les vallées y sont étroites et encaissées ; on n'y rencontre que la plaine mamelonnée des Beni-Salah, dont les hauteurs environnantes sont toutes boisées.

Le haut de la vallée a, pour base exclusive, des grès appartenant aux terrains tertiaires, qui reposent sur des calcaires de la même formation ; ces derniers occupent toute la partie basse du bassin, jusqu'à la mer ; au milieu d'eux, à peu près au centre de la vallée, surgit un îlot de grès, qui s'étend principalement sur la rive gauche de la rivière, en face du bordj de Tamalous.

Les sources sont assez nombreuses et abondantes ; l'Oued Guebli ne tarit jamais sur tout son parcours ; mais il a été constaté qu'à la suite des incendies qui ont ravagé, à plusieurs reprises, les forêts de cette région, son débit avait diminué, dans une proportion marquée.

Malgré l'étendue importante des boisements qu'elle renferme, la vallée de l'Oued Guebli est malsaine ; les fièvres paludéennes y sont fréquentes. Cette insalubrité doit être attribuée à son peu de largeur, à la haute température qui s'y concentre pendant l'été, enfin et surtout aux miasmes qui sont entraînés par les vents de la mer, en traversant la plaine humide des Ouled-Mazouz et les marais de l'Oued Cherka.

Les terrains boisés de ce bassin occupent une superficie de 47,515 hectares, qui sont répartis de la manière suivante :

Forêts domaniales............ 20.541 h. }
Forêts communales.. .... 2.203 h. } 44.800 h. }
Forêts appartenant à des particuliers 22.056 h. } } 47.515 h.
Broussailles non soumises au régime forestier... 2.715 h. }

Comme on le voit, la vallée de l'Oued Guebli est richement dotée, au point de vue forestier, car les boisements, dans leur ensemble, y couvrent les 48,7 0/0 du territoire.

Dans les forêts proprement dites, le chêne-liége est l'essence dominante ; il fait l'objet, déjà, d'exploitations importantes et sera, un jour, une des principales sources de richesse de la région. Dans les bas fonds, le long des cours d'eau, on trouve d'autres grandes essences, le chêne-zéen, l'orme, le frêne et le peuplier.

Les broussailles forment des fourrés, souvent très épais, dont le myrthe, le lentisque et l'arbousier sont les essences dominantes.

Au milieu de ces dernières, comme dans les forêts et sous leur abri, se développent des sous-bois de genêts, cistes, etc., qui contribuent puissamment au maintien du couvert et à celui des terres ; aussi, dans tout ce bassin, l'exécution de travaux de restauration n'offre actuellement aucune utilité.

BASSINS DE L'OUED CHERKA, DE L'OUED SIEL, L'OUED TAMANAR ET DE L'OUED ZOUGHR.

Des roches granitiques qui forment le cap, derrière lequel s'abrite la petite ville de Collo, s'échappent divers cours d'eau, qui se jettent directement à la mer ; les plus importants sont l'Oued Cherka, l'Oued Tamanar, l'Oued Zoughr. Leurs bassins n'ont qu'une étendue restreinte, car leurs sources ne sont guère distantes de la mer, de plus de 12 kilomètres ; ils sont, du reste, très boisés ; leur étude n'offre, pour cette raison, aucun intérêt.

Le tableau ci-après résume les renseignements statistiques, qui les concernent :

BASSINS	SUPERFICIE TOTALE	ÉTENDUE DES BOIS APPARTENANT			BROUSSAILLES non soumises au RÉGIME FORESTIER
		à l'État	aux communes	aux particuliers	
Oued Cherka	2.344	278	227	»	698
Oued Siel	1.480	»	874	»	»
Oued Tamanar	13.484	1.685	338	5.904	1.997
Oued Zoughr	15.200	»	»	7.225	3.775
TOTAUX	32.508	1.963	1.439	13.126	6.470
Superficie totale boisée	22.998 hectares.				—

BASSIN DU RHUMMEL.

Le Rhummel est désigné à son embouchure, sur les cartes de l'Algérie, sous le nom d'Oued El-Kébir ; il prend sa source, à l'ouest de Constantine, à trente-deux kilomètres environ de Sétif, et vient se jeter à la mer, entre Djidjelli et le cap Bougarone. Il est grossi par de nombreux affluents, dont les plus importants sont : l'Oued Seguin, le Bou-Merzoug (Oued El-Guerah, Oued El-Keleb, Oued Berda) l'Oued Endja, l'Oued El-Ouedja, l'Oued Irdjana et l'Oued Bou-Siaha.

Son bassin, qui n'occupe pas moins de 868,840 hectares d'étendue, présente, au point de vue géologique, deux zones distinctes : dans la première, comprenant le Rhummel supérieur, le Bou-Merzoug en entier et la partie de la vallée qui s'étend entre Constantine et Milah, le sol est composé de poudingues et dépôts lacustres, de formation tertiaire, d'où émergent de nombreux îlots calcaires appartenant aux terrains secondaires (crétacés inférieurs). Dans la seconde, jusqu'à la mer, ces derniers terrains reparaissent, mais sous forme de gneiss et schistes talqueux, sur lesquels se superposent des grès, des marnes et des calcaires gréseux et nummulitiques. On trouve aussi, sur la rive droite de l'Oued El-Kebir, à El-Milia même et en remontant le cours de l'Oued Bou-Siaba, trois massifs granitiques que n'ont pu recouvrir les terrains de formation postérieure, et qui, selon toute probabilité, se relient aux roches, de même origine, formant le cap Bougaroné.

De cette distribution géologique et minéralogique, il résulte que, dans son ensemble, le bassin du Rhummel offre des variétés de terrains nombreuses et, en général, propres à toutes les cultures ; si, dans la zone supérieure, on rencontre assez souvent des terrains, qui ne peuvent être utilisés que par la vaine pâture, on doit en attribuer la cause à l'entraînement de la terre végétale par les eaux pluviales ; dans toute cette région, en effet, il n'existe aucun couvert pour maintenir les terres, du reste fort légères ; aussi, si les calcaires marneux, qui les produisent, en se décomposant, ne sont pas entièrement à nu dans toutes les parties supérieures des ondulations du sol, ils ne sont revêtus, le plus souvent, que d'une couche meuble, beaucoup trop faible pour permettre la mise en culture.

Le relief du sol présente de son côté, dans le bassin du Rhummel, des différences très marquées ; dans sa partie supérieure et un peu au-delà de Constantine, les terrains s'élèvent insensiblement, jusqu'à une altitude moyenne de 900 mètres ; ils affectent la forme de plateaux ondulés, au milieu desquels surgissent cependant, de distance en distance, des séries de gibbosités rocheuses, à pentes raides, ayant une direction sensiblement parallèle, du Sud-Ouest au Nord-Est. Dans la zone inférieure, au contraire, le relief est très accidenté ; on y rencontre de véritables chaînes de montagnes, des vallées profondes, au fond desquelles coulent les divers affluents du Rhummel.

A cette double configuration correspondent, au point de vue du régime boisé, deux situations essentiellement différentes ; dans le haut Rhummel, il n'existe aucune forêt ; les quelques boisements qu'on y rencontre, épars çà et là, ne se composent que de broussailles rabougries, de chêne-yeuse et de genévrier ; elles sont localisées sur des croupes rocheuses, d'un accès difficile ; c'est à cette circonstance, du reste, qu'on doit attribuer leur conservation, car elles sont exposées à des déprédations de toute nature, de la part de la population locale.

La partie inférieure de la vallée est, au contraire, très boisée ; des forêts importantes de chênes-liége sont distribuées, d'une manière assez uniforme, sur toutes les montagnes ; au-dessous de ces forêts, des taillis broussailleux de lentisque, filaria et olivier occupent des étendues assez considérables et contribuent puissamment au maintien du sol et à l'aménagement général des eaux. Cet état de choses révèle les causes de la rareté et du peu d'abondance des sources, dans la zone supérieure du bassin, de l'absence complète d'eau, dès le printemps, dans les lignes de fond qui en descendent ; il donne, également, l'explication de la rareté des pluies, de l'irrégularité du régime des eaux, conséquemment celle des variations et de l'incertitude même de la production dans les cultures. Il n'est pas sans intérêt de rappeler que, quand les hivers ne sont pas rigoureux ou que les pluies printanières font défaut, les récoltes, dans toute cette région, sont très médiocres, parfois même manquent totalement ; il en est de même quand le siroco souffle, pendant quelques jours, au moment de la floraison du blé et de l'orge. Il y a lieu d'ajouter aussi que, sous l'influence de phénomènes assez fréquents, des pluies torrentielles s'abattent sur cette région ; souvent elles sont accompagnées de grêles, qui dévastent les campagnes ; parfois, elles sont tellement abondantes, qu'elles donnent lieu à de véritables inondations et à des désastres. C'est ainsi qu'en 1862, le 18 septembre, des tentes, des gourbis, des hommes et des troupeaux ont été entraînés, dans les environs et sur le marché même du village de l'Oued Athmenia et anéantis.

Ces quelques considérations démontrent la nécessité absolue qu'il y a de prendre des mesures énergiques, afin de sauvegarder les derniers vestiges des forêts et, aussi, de créer des massifs boisés sur les points le plus convenables pour modifier les courants météoriques, dans toute la contrée comprise entre Constantine et la ligne de partage des eaux du bassin du Rhummel, au Sud, à l'Est et à l'Ouest.

La zone inférieure est bien boisée ; les pluies y tombent régulièrement et en abondance ; elle ne semble donc devoir être l'objet d'aucunes mesures autres que celles qui permettront de protéger et améliorer les boisements y existant.

De l'examen de la carte forestière du département, il résulte que, dans le bassin supérieur de réception du Rhummel, limité aux territoires des communes d'Aïn-Smara, de Constantine, du Khoub et d'Aïn-Abid, il n'existe que 22,193 hectares de boisements de toute nature. Ces boisements appartiennent à l'Etat, à l'exception de huit hectares qui forment les dépendances de l'hôpital civil de Constantine.

Dans la partie inférieure du bassin, les forêts occupent une superficie de 27,874 hectares qui sont répartis de la manière suivante :

Forêts domaniales.......... 11.463 h. ⎫
Forêts communales......... 2.024 h. ⎬ 27.874 hectares.
Forêts particulières......... 14.387 h. ⎭
        Report d'autre part.......... 22.193 —
        Surface totale............. 50.064 —

Ce chiffre représente les 5.7 0/0 de la superficie totale du bassin.

BASSINS DE L'OUED NIL, DE L'OUED DJENDJEN ET L'OUED MENCHA.

Entre l'embouchure du Rhummel et Djidjelli, trois cours d'eau viennent se jeter à la mer ; ce sont l'Oued Nil, l'Oued Djendjen et l'Oued Mencha. Tous trois prennent naissance, à 26 kilomètres environ de la mer, en ligne droite, au milieu des montagnes boisées des Ouled-Askeur, Beni-Afeur, Beni-Medjaled, Beni-Foughal et des Babors. Ensemble, leurs bassins n'occupent qu'une superficie totale de 98,579 hectares. Le plus considérable d'entre eux est celui de l'Oued Djendjen qui, à lui seul, comprend 46,470 hectares; il remonte, par la vallée de l'Oued Missa, jusqu'au Tababor; son cours, en grande partie parallèle à la Méditerranée, est de 85 kilomètres environ.

Le sol est composé de gneiss, de poudingues et de grès à nummulites, dans la région supérieure. En se rapprochant de la mer, on voit apparaître des alluvions argilo-siliceuses, d'une grande fertilité.

Les crêtes qui limitent ces bassins, au Sud, sont très élevées ; elles atteignent une altitude de 950 mètres dans le bassin de l'Oued Nil, de 1,970 mètres dans celui de l'Oued Djendjen, enfin, de 1,600 mètres dans celui de l'Oued Mencha. Aussi, les pentes du terrain sont généralement raides. Il en résulte que les eaux s'écoulent avec une grande vitesse et acquièrent une force d'affouillement qui serait dangereuse, si le sol n'était point protégé par les boisements couvrant les parties hautes des vallées.

Ces boisements se composent, en majeure partie, de futaies de chêne-liége ; le chêne zéen occupe les hauteurs. On trouve également quelques massifs de pin. — Au-dessous de ces peuplements, des broussailles de myrte et autres essences secondaires divisent les terrains de culture et descendent jusqu'à la mer. Les forêts proprement dites ont une étendue ensemble de 26,589 hectares, répartis de la manière suivante :

	BOIS APPARTENANT			TOTAL par bassin
	à l'État	aux communes	aux particuliers	
	hectares.	hectares.	hectares.	hectares.
Bassin de l'Oued Nil	11.515	»	»	11.515
Bassin de l'Oued Djendjen.............	10.538	»	1.909	12.447
Bassin de l'Oued Mencha	1.485	»	1.142	2.627
TOTAUX	23.538	»	3.051	26.589

On le voit, cette région renferme des forêts sur 26,9 0/0 de son étendue territoriale. Aussi, les pluies y tombent régulièrement et en abondance.

Il y a lieu de remarquer, cependant, que le régime des cours d'eau n'est pas régulier ; leur débit est très variable, suivant les saisons ; cet état de choses doit être attribué à la rapidité des pentes du sol et aussi au peu d'éten-

- 87 -

due des bassins de réception. Il donne l'explication de la disparition de la plupart des sources, pendant l'été, et de la diminution marquée de celles qui ne tarissent point.

On doit, dès lors, en conclure que, dans les bassins de l'Oued Nil, l'Oued Djendjen et l'Oued Mencha où l'état boisé est suffisant, les seules améliorations à tenter devraient consister dans la construction de barrages, propres à arrêter les eaux et de faciliter leur pénétration dans les couches souterraines du sol.

BASSINS DE L'OUED KISSIR, L'OUED BOURCHAÏB, L'OUED TAZA, L'OUED DAR-EL-OUED ET L'OUED ZIAMA.

Du versant nord de la chaîne montagneuse dont les crêtes dominent la rive gauche de l'Oued Missa, affluent de l'Oued Djendjen, descendent cinq petits cours d'eau qui vont se jeter à la mer, à l'ouest de Djidjelli. Ce sont l'Oued Kissir, l'Oued Bourchaïb, l'Oued Taza, l'Oued Dar El-Oued et l'Oued Ziama.

Leurs sources ne sont éloignées de la mer que de 12 à 20 kilomètres environ. Ensemble, leurs bassins ont une étendue totale de 39,668 h., dont 22.340 sont occupés par des forêts.

Le chêne-liège est l'essence dominante ; on trouve également le chêne-zéen et le pin maritime. Les peuplements, formés par ces essences, sont tenus à l'état de haute futaie ; leur végétation est des plus vigoureuses.

L'action de ces forêts se fait sentir énergiquement sur les courants météoriques venant de la mer ; car cette région, notamment celle de Dar-El-Oued, est citée comme étant, de toute l'Algérie, celle où la hauteur moyenne des pluies est la plus forte ; cette hauteur dépasserait, en effet, 1 mètre et s'élèverait même jusqu'à 1m40.

Aussi, les sources y abondent et ne tarissent jamais, même pendant les grandes chaleurs de l'été ; l'aménagement des eaux est, du reste, facilité par la nature du sol, qui est formé partout, excepté dans le bassin de l'Oued Dar-El-Oued où apparaissent des calcaires, des détritus de grès, de formation tertiaire, qui en constituent la base minéralogique.

Les terres de culture de la région sont de qualité médiocre ; elles ne doivent leur peu de fertilité qu'à leur extrême fraîcheur ; les forêts semblent donc devoir être la principale source de prospérité de la population locale, en lui assurant un travail régulier et rémunérateur. Elles sont réparties, savoir :

Forêts domaniales........................ 19.375 h.
Forêts communales....................... 174 h.   22.340 h.
Forêts particulières...................... 2.791 h.

BASSIN DE L'OUED AGRIOUN.

L'Oued Agrioun se jette dans la mer, à peu près au centre du golfe de Bougie. Ses sources, qui forment l'Oued Halleba et l'Oued Berd, descendent du Djebel-Anini, du Djebel-Baouch, de Ras-Taouch, enfin du Djebel-Bou-Zéri, dont l'altitude varie de 1,238 à 936 mètres ; le point culminant, le Djebel-Anini, atteint 1,516 mètres.

L'Oued Halleba et l'Oued Berd se réunissent, au pied de Takitount, après avoir reçu les eaux de l'Oued Sidi-Embark. L'Oued Agrioun, ainsi formé, traverse la gorge si pittoresque du Chabet-el-Akra et se jette à la mer ; dans cette partie de son parcours, il est grossi par divers affluents, dont les seuls importants sont l'Oued Beni-Smaïl et l'Oued Bouzazen.

Son bassin a une étendue de 63,477 hectares. Il se compose de deux zones distinctes : la première, la plus élevée, est peu accidentée ; les terrains argileux-calcaires s'abaissent, avec des pentes assez douces, jusqu'aux abords de l'Oued Berd et du petit territoire du village de Kerrata ; là, surgissent des montagnes abruptes, d'une altitude de 1,500 à 1,800 mètres environ. L'Oued Agrioun s'engage dans la gorge du Chabet, dont les versants, extrêmement escarpés, souvent même à pic, sont recouverts de broussailles et de rares chênes-liège. A la sortie de cette gorge, la vallée s'élargit un peu, mais le sol y conserve des pentes rapides, sur lesquelles, sans interruption à peu près, s'échelonnent des massifs de chênes-liège et de broussailles, jusqu'à la mer.

Cette configuration explique l'irrégularité du débit de l'Oued Agrioun, l'action énergique de ses eaux sur les terres, malgré les boisements qui les protègent, enfin, l'impétuosité avec laquelle elles se précipitent dans la mer.

Les forêts véritables n'apparaissent, comme il a été dit plus haut, que dans la partie centrale et inférieure du bassin ; la plupart des hauteurs étant déboisées, on comprend, sans peine, que leur action soit insuffisante pour régulariser l'écoulement des eaux ; leur superficie, au surplus, est assez restreinte, elle n'est, en effet, que de 13,081 hectares, en y comprenant les broussailles, qui couvrent les deux versants de la gorge du Chabet-el-Akra. Il serait en conséquence nécessaire, pour modifier cette situation, de boiser, en partie, le haut du bassin de réception. Les travaux à faire, à ce point de vue, atteindraient aisément le but proposé, si on les localisait entre le Fedj-el-Tin et Takitount, ainsi que dans les terrains à pentes rapides, qui s'étendent entre la limite inférieure des boisements de l'Oued Berd, la rive gauche de l'Oued Sidi-Embark et le village de Kerrata. Des plantations en bordure le long des ravins, l'établissement de barrages sommaires, à des points convenablement choisis, compléteraient cette œuvre utile.

Les 13,081 hectares de boisements, compris dans le bassin de l'Oued Agrioun, sont répartis de la manière suivante :

Forêts domaniales............. 12.326 h. ⎫
Forêts communales.............   755 h. ⎬ 13.081 hectares.

BASSINS DE L'OUED ZITOUNA, L'OUED DJEMAA, L'OUED AFFALOU, L'OUED HOUKHASEN
ET L'OUED AKDOU.

En suivant la côte, on trouve successivement, dans la direction de l'Ouest, à partir de l'embouchure de l'Oued Agrioun, cinq petits cours d'eau : l'Oued Zitouna, l'Oued Djemaà, l'Oued Affalou, l'Oued Houkhasen et l'Oued Djebera ou Oued Akdou.

Bien qu'ils coulent chacun dans des vallées bien déterminées, ces cours d'eau peuvent être considérés, à tous points de vue, comme ne formant qu'un même bassin ; car ils se trouvent circonscrits par une grande ligne de crêtes, dont le Djebel-Afroun, le Djebel-Takintouch, l'Adrar-Nzoua, le Djebel-Ali et le Ras-Kefrida ne sont que les sommets les plus élevés.

L'étendue totale de ce bassin collectif est de 35,055 h., sur lesquels 12,022 h. sont occupés par des forêts, réparties de la manière suivante :

Forêts domaniales............ 8.379 h. ⎫
Forêts communales............ 418 h.   ⎬ 12.022 hectares.
Bois particuliers............. 3.225 h. ⎭

Cette surface représente les 34,2 0/0 de celle du bassin. La proportion est très considérable ; elle est plus que suffisante, au point de vue du régime général des pluies, car toute cette région est abondamment pourvue d'eau ; les courants météoriques, saturés de vapeur aqueuses, en s'élevant progressivement de la mer, jusqu'aux crêtes qui limitent le bassin, c'est-à-dire à une altitude variant de 1,191 à 1,715 mètres, se refroidissent brusquement et produisent des pluies abondantes ; chaque année, ces hautes crêtes se couvrent de neige. Aussi, les cinq cours d'eau précités ne sont jamais à sec et des sources nombreuses donnent à la population locale pleine satisfaction à ses besoins.

Malgré ces conditions éminemment favorables, il y a lieu de remarquer, cependant, une grande irrégularité dans le régime des eaux ; le sol est accidenté ; ses pentes sont généralement fortes ; aussi les eaux, notamment à la fonte des neiges, s'écoulent rapidement sur les versants, se précipitent dans les lignes de fond et donnent lieu à des crues subites, quelquefois assez considérables.

Il en résulte des affouillements et des déplacements de terres qu'il serait utile d'empêcher.

Les travaux à faire, pour atteindre ce résultat dans les vallées de l'Oued Djebera, l'Oued Houkhasen et l'Oued Affalou, auraient plus particulièrement pour objet de régulariser l'écoulement des eaux et leur utilisation pour les irrigations ; ils consisteraient dans l'amélioration des boisements, en les complétant par des semis.

Il n'en serait pas de même dans les bassins de l'Oued Zitouna et de l'Oued Djemaà, où on serait dans l'obligation de recourir aux boisements et à des travaux de restauration coûteux. Dans le premier de ces bassins, les mesures à prendre n'offrent qu'un intérêt d'avenir : les cultures agricoles y étant sans importance pour le moment. Dans le second, au contraire, elles ont un caractère d'urgence; car, par suite de l'appauvrissement des bois à la suite des incendies, de l'abus du pâturage et des défrichements, des glissements de terre, favorisés par la rapidité des pentes, se produisent un peu partout, dans le haut du bassin de réception, laissant à nu les bancs rocheux qui forment la base minéralogique du sol ; ces glissements expliquent les apports considérables de terre et de pierres, qui sont effectués, dans la partie inférieure de la vallée, par les grandes eaux et y rendent les cultures agricoles, sinon impossibles, du moins aléatoires.

Heureusement, le mal peut être encore assez facilement réparé ; il suffirait, en effet, de sauvegarder précieusement et d'améliorer, par des repeuplements artificiels, ainsi que par un règlement sévère du pâturage, les boisements en voie de destruction qui couvrent les crêtes et, en partie, les versants d'un contrefort de l'Adrar-Arona, désigné sous le nom de Djebel Kandirou. Ce contrefort occupe la partie centrale du territoire des Beni-Sliman et se trouve, presque entièrement, entouré par l'Oued Djemaâ. Des barrages sommaires, établis dans les principaux ravins, compléteraient ces travaux de restauration, en brisant les chutes et en ralentissant l'écoulement des eaux.

BASSIN DE L'OUED SUMMAM.

La Summam, qui prend le nom de Sahel dans la partie supérieure de son cours, est le dernier fleuve important que l'on rencontre, avant d'atteindre le département d'Alger. Il se jette dans la mer, à 3 kilomètres à peine et à l'Est de Bougie.

Une de ses sources se trouve dans le département d'Alger, au nord-ouest d'Aumale ; les autres sont situées dans le département de Constantine ; elles donnent naissance à trois cours d'eau importants, l'Oued Mahrir, l'Oued Mahadjar et le Bou-Sellam.

Les deux premiers remontent jusqu'au 36° de latitude ; ils sortent de terrains argileux calcaires, mêlés de grès, de formation tertiaire. Après un certain parcours, ils pénètrent dans des terrains analogues, mais appartenant aux terrains secondaires, puis, dans des marnes de l'étage suessonien et se jettent dans les alluvions, qui constituent la partie basse de la vallée du Sahel.

Le Bou-Sellam sort des poudingues lacustres, de formation tertiaire, qui s'étendent jusqu'à Constantine ; il fraie ensuite son lit dans les marnes dont il est parlé plus haut et se joint au Sahel, à 4 kilomètres environ et en amont d'Akbou.

Au-dessous de l'embouchure du Bou-Sellam, la vallée du Sahel se présente, au point de vue géologique, sous deux aspects distincts.

Sur la rive gauche, au-dessus de dépôts lacustres et d'alluvions, le sol a pour base minéralogique exclusive des grès de formation tertiaire; deux îlots marneux (terrains crétacés moyens, — terrains miocènes) apparaissent seuls, de Fellaye à El-Kseur, et s'étendent même sur la rive droite de la rivière.

Sur cette dernière rive, même au-delà de l'Oued Mahrir, on ne trouve que des marnes des terrains crétacés moyens et de l'étage suessonien. En aval de l'Oued Amizour, ces terrains sont remplacés par des grès, analogues à ceux de la rive gauche, mais au milieu desquels émerge un puissant îlot granitique, qui s'étend presque jusqu'à la mer.

A cette formation géologique correspondent, dans le relief et l'état du sol, deux situations distinctes. Sur la rive gauche, les versants ont une inclinaison à peu près uniforme; leurs pentes sont parfois rapides; mais leurs sommets sont boisés; aussi le sol, assez résistant, du reste, par sa nature, a peu à souffrir de l'écoulement des eaux; les affouillements produits par les principaux ruisseaux qui en descendent, n'ont aucune importance. Au-dessous des forêts, les pentes sont peuplées d'oliviers, qui constituent une des principales richesses de la région et contribuent puissamment au maintien des terres.

Les eaux sont assez abondantes; les boisements qui couvrent les hauteurs, provoquent des pluies aussi régulières que fréquentes et en facilitent la pénétration dans le sol. Aussi, l'Oued Tifra, l'Oued El-Kseur et l'Oued Safra conservent-ils de l'eau, dans leur lit, pendant toute l'année. Le second de ces ruisseaux avait, il y a quelques années, un débit plus considérable qu'aujourd'hui; ses eaux descendaient jusqu'à la Summam. Les incendies de 1884, en détruisant les couverts du haut de son bassin de réception, ont occasionné cette perturbation, heureusement momentanée, dans l'aménagement de ces dernières.

L'étendue totale de la région, comprise entre le département d'Alger et la Summam, est de 65,847 hectares, dont les 24,4 0/0 ou 15,876 hectares sont occupés par de belles forêts de chênes-liége et de chênes-zéen. Si on ajoute à ce chiffre celui correspondant à la surface occupée par les oliviers et les broussailles (8,000 hectares environ), on voit que cette région se trouve, dans les conditions les plus favorables, au point de vue du régime général des pluies et des eaux.

L'étude de la rive droite doit être subdivisée en deux parties, la première comprenant le cours inférieur de la vallée de l'Oued Summam, la seconde, la région supérieure, dont le Bou-Sellam, l'Oued Mahadjar et l'Oued Mahrir forment le bassin de réception.

COURS INFÉRIEUR DE LA SUMMAM.

Dans cette partie de son parcours, la Summam reçoit divers affluents, dont les principaux sont l'Oued Seddouk, l'Oued Imoula, l'Oued Amazine et l'Oued Amizour. Ces cours d'eau descendent, sur le versant Ouest, de montagnes dont le Djebel-Takintoünch est le point culminant. Ils traversent des terrains marneux, de nature schisteuse, qui se délitent rapidement à l'air et se désagrègent, sous l'action des eaux. Aussi, sur beaucoup de points, on constate des affouillements qui ne feront que s'accroître, au fur et à mesure des défrichements.

Cette région, dont la superficie est de 43,588 hectares, était autrefois très boisée ; elle ne renferme actuellement que cinq petits massifs, isolés les uns des autres et assez mal peuplés, d'une étendue ensemble de 2,563 hectares ; les taillis broussailleux qui recouvraient les pentes, ont été détruits ; aussi, en raison de la déclivité assez grande de ces dernières, la terre végétale est emportée facilement et les eaux pluviales, descendant rapidement dans les lignes de fond, transforment les cours d'eau précités, notamment l'Oued Amazine et l'Oued Imoula, en véritables torrents. Des amas importants de terre, de graviers et de rochers sont entraînés, non seulement dans leur lit, mais dans celui de la Summam.

Le voisinage de la mer, l'action protectrice des boisements de la rive gauche assurent à cette région des quantités de pluies très suffisantes ; la régularisation de l'écoulement des eaux, le maintien des terres doivent donc, dans l'état actuel des choses, être seuls recherchés d'une manière spéciale. Le reboisement des pentes ne saurait être tenté, car il nécessiterait l'expropriation de terrains, d'une haute valeur pour la population kabyle qui en est propriétaire. Il ne serait possible que par l'évacuation d'un grand nombre de villages, créés au milieu des terrains défrichés, mesure évidemment irréalisable. Aussi, ne restera-t-il, pour remédier au mal fait et en arrêter les conséquences, qu'à chercher à retarder l'écoulement des eaux par la construction de barrages d'atterrissement.

COURS SUPÉRIEUR DE LA SUMMAM.

Le Bou-Sellam, principal affluent de la Summam, prend naissance, d'une part, sur les dernières pentes des montagnes Righas Dahras, de l'autre, à Sétif même. Il reçoit, dans la partie inférieure de son cours, l'Oued Mahadjar, qui descend des plateaux s'étendant entre Aïn-Tagrout et Bordj-bou-Arréridj.

Dans tout son parcours et sur une longueur de plus de 90 kilomètres, on ne trouve aucune trace de forêts ; son lit se creuse dans des terrains ondulés, au milieu desquels surgissent des croupes montagneuses, parfois très considérables, qui sont complètement dénudées. Au dire des indigènes, quelques-unes étaient encore boisées, avant la conquête ; parmi elles, il y a lieu de citer le Djebel-Youssef, le Mégris et le Djebel-Medjounès.

L'absence de tout abri, dans cette région dont les lignes de faîte s'élèvent jusqu'à 1722 mètres (Djebel Megris), donne l'explication de l'irrégularité du régime des eaux et de la rareté des sources, conséquemment, des variations considérables dans le débit du Bou-Sellam et de ses affluents. Elle donne la cause, malgré l'altitude assez grande de ce pays, des écarts considérables que l'on constate dans le climat ; pendant l'hiver, les froids y sont intenses ; pendant l'été, souvent même dès le printemps, il y règne une chaleur assez élevée pour compromettre les cultures.

La surface du bassin de réception du Bou-Sellam peut être évaluée à 345,704 hectares, sur lesquels 22,764 hectares seulement sont occupés par les forêts. Ce chiffre ne représente que les 6,5 0/0 de son étendue. Il démontre, jusqu'à la dernière évidence, la nécessité absolue de chercher à restaurer cette région, essentiellement agricole, au double point de vue de la régularisation du régime des eaux et du climat, par le reboisement des montagnes qui, il y a quelques années encore, étaient abritées par des broussailles de chêne-yeuse et des genévriers. Le Djebel-Youssef, le Mégris, le Djebel Medjounès, dans le haut bassin du Bou-Sellam, le Djebel-Oum-El-Rissan, le Chebket Sidi-M'bareck, dans celui de l'Oued Mahadjar, doivent être cités en première ligne. Les périmètres à constituer occuperaient une étendue ensemble de 10,112 hectares.

L'Oued Maghir, le dernier affluent de la Summam, prend naissance à 15 kilomètres environ et à l'Ouest de Bordj-bou-Arréridj. Dans la partie supérieure de son cours, il n'existe aucune forêt ; toutes les montagnes, dont les crêtes circonscrivent son bassin, sont entièrement dénudées ; les premiers boisements qu'on y rencontre sont ceux qui s'étendent au-dessous du Teniet-el-Merdj ; ils se composent de pins d'Alep, en mélange avec le chêne-yeuse. Ces boisements couvrent toutes les montagnes, qui dominent la petite vallée de l'Oued Mansourah et constituent un vaste massif, en rejoignant d'abord, sur la rive droite de l'Oued Maghir, les forêts des Mzita et des Bibans, puis, sur la rive gauche de cette rivière, celles de l'Ouennougha.

Le sol est très accidenté, à pentes rapides. Aussi, malgré la présence de boisements très étendus, le régime des eaux est très irrégulier ; les sources sont peu nombreuses ; les couches imperméables étant à une faible profondeur, leur bassin d'alimentation est peu considérable ; cet état de choses explique pourquoi elles tarissent, pour la plupart, ou perdent une partie de leur débit, pendant l'été. Cette circonstance rend inhabitable, à cette époque de l'année, la partie inférieure de la vallée, où il ne reste que l'eau de la rivière, dans laquelle se déversent, en aval des Portes de fer, des sources sulfureuses et salées, qui la rendent impropre à l'alimentation de l'homme.

Dans de telles conditions, tous les efforts doivent tendre à améliorer le régime des eaux, en facilitant leur pénétration dans les couches souterraines du sol. A ce point de vue, la formation d'un périmètre de reboisements sur la crête du Djebel Tafertas, sous laquelle l'Oued Mzita prend naissance, l'établissement de barrages dans les ravins principaux qui descendent des forêts, l'ouverture sur les versants, de chaque côté de ces barrages, de rigoles propres à dériver le trop-plein des eaux, semblent être les moyens les plus sûrs que l'on puisse employer, pour atteindre le résultat cherché.

Le bassin de l'Oued Maghir, limité à son embouchure dans le Sahel, peut être évalué à 137,846 hectares, sur lesquels 27,044 hectares sont occupés par les forêts. Sur ce chiffre qui représente les 19,6 0/0 de l'étendue du bassin, 24,767 hectares appartiennent à l'Etat ; 2,277 hectares sont la propriété des douars.

En résumé, il existe dans le bassin entier de la Summam, savoir :

	SUPERFICIE de BASSIN	FORÊTS APPARTENANT			TOTAL
		à l'Etat	aux communes	aux particuliers	
	hectares.	hectares.	hectares.	hectares.	hectares.
Rive gauche de la Summam ...	65.847	15.876	»	»	15.876
Cours inférieur	43.588	2.563	»	»	2.563
Rive droite. { Bassin du Bou Sellam	345.704	22.764	»	»	22.764
Bassin de l'Oued Maghir	137.846	24.767	2.277	»	27.044
Totaux	592.985	65.967	2.277	»	68.244
Surface totale	592.985 hectares.				

BASSINS DE L'OUED M'TAÏDA, OUED DAS, OUED ALOUANEN, OUED SAKET.

Entre Bougie et la limite ouest du département de Constantine, on trouve quatre petits cours d'eau, qui se jettent directement dans la mer. Bien que formant chacun des vallées séparées, ils peuvent être considérés comme appartenant au même bassin, car ils descendent tous des crêtes que couvrent les forêts de Taourirt-Ighil et d'Akfadou.

Le sol est identiquement le même partout ; il est formé d'un mélange de marnes argileuses, de grès et pondingues, de l'étage nummulitique supérieur ; il est de bonne qualité et éminemment propre à la culture forestière. Les forêts y occupent, en effet, une étendue de 9,392 hectares sur les 39,287 hectares que comprennent ces bassins, dans leur ensemble. Le chêne-liège est la seule essence qu'on y rencontre ; il composait, il y a quelques années, des peuplements très complets et d'une belle végétation ; mais les incendies qui sont survenus dans cette région, à plusieurs reprises, ont tellement appauvri ces massifs que leur régénération, par voie artificielle, deviendra probablement nécessaire.

Malgré ces incendies et les défrichements inconsidérés effectués par les indigênes sur des terrains très en pente, le pays est doté d'eaux et de sources abondantes. Cet état de choses est dû aux pluies fréquentes, auxquelles les vents humides, venant de la mer, donnent naissance, en s'élevant progressivement, au milieu des bois, jusqu'aux crêtes supérieures qui n'ont pas moins de 996 à 1,110 mètres et même 1,317 mètres d'altitude.

Le régime des eaux est assez régulier; car, si dans le haut des vallées, le sol a des pentes rapides, dans la zone médiane et inférieure, il se présente sous forme de mamelons, à pentes généralement douces, sur lesquels les eaux pluviales se divisent et perdent, peu à peu, la vitesse d'écoulement qu'elles avaient acquise.

Dans de telles conditions, l'amélioration des massifs incendiés, leur repeuplement par des semis, si cela est reconnu nécessaire, seront les seules mesures à prendre, pour maintenir ces vallées fertiles dans l'état satisfaisant où elles sont aujourd'hui.

BASSIN DE L'OUED MELLEGUE.

L'Oued Mellegue, affluent de la Medjerdah, à l'autre extrémité du département de Constantine, mais toujours dans la zone du littoral, est formé par la réunion de deux cours d'eau principaux, l'Oued Meskiana et l'Oued Chabro qui prennent naissance, l'un et l'autre, à l'ouest de Tébessa ; il pénètre en Tunisie, à environ 66 kilomètres, à vol d'oiseau, au nord-est de cette localité.

L'Oued Chabro et la Meskiana ont leurs sources dans les terrains lacustres, qui remontent jusqu'à Constantine et forment la base minéralogique de la région des Chotts. Après un certain parcours, ils s'engagent dans des marnes calcaires appartenant aux terrains crétacés moyens, qui occupent la partie basse de la vallée, jusqu'à la frontière tunisienne. Des îlots de marnes calcaires, mêlés de grès, de l'étage inférieur, sont disséminés sur divers points, notamment sur la rive droite de l'Oued Mellegue, où ils couvrent une étendue assez importante ; ces îlots constituent, en majeure partie, les croupes montagneuses qu'on voit surgir, au milieu des plaines ondulées qui caractérisent cette région. Les hauteurs limitant le bassin sont occupées par les marnes, avec calcaires gréseux des terrains crétacés supérieurs.

L'examen de cet ensemble géologique donne l'explication de l'extrême abondance des sources, dans toute la zone occupée par les terrains lacustres et crétacés supérieurs, ainsi que de leur rareté, dans les terrains crétacés moyens, c'est-à-dire dans la majeure partie de la vallée de l'Oued Mellegue. Les sources sont particulièrement nombreuses, aux environs de Tébessa et sur le versant sud-est des montagnes séparant le bassin de cette rivière de celui de la Medjerdah.

A l'exception des croupes montagneuses, dont il a été parlé précédemment et qui présentent des pentes souvent très raides, le sol est ondulé et offre l'aspect de vastes plaines. Il est, par suite, à l'abri de l'érosion des eaux ; l'action de ces dernières se trouve localisée dans les berges des cours d'eau ; elle n'a aucune importance.

L'Oued Mellègue reçoit, dans son parcours, divers affluents dont les principaux sont : l'Oued Horrilar, l'Oued Ksob, l'Oued Zerga, l'Oued Oureldja, l'Oued Bou-Erkaden et l'Oued Sedjera.

La superficie totale de son bassin est de 509,856 hectares environ, sur lesquels 77,087 sont occupés par les forêts. Si, à ce chiffre, on ajoute les terrains de parcours, encore boisés, qui appartiennent aux indigènes, et dont l'étendue approximative est de 10,800 hectares, on trouve que la surface totale des boisements, compris dans le bassin de l'Oued Mellègue, est de 87,887 hectares, ce qui représente 17 0/0 de son étendue entière.

Cette proportion est assez importante ; néanmoins le régime des pluies n'offre pas, dans cette région, toute la régularité désirable ; certaines années sont pluvieuses ; d'autres le sont si peu, que la germination des céréales n'a pas lieu. Cet état de choses semble devoir être attribué à la nudité absolue des plaines, sur lesquelles les courants météoriques passent, sans rencontrer d'obstacle, et, par suite, sans éprouver d'abaissement de température suffisant, pour permettre la condensation des vapeurs aqueuses qu'ils renferment. Il y aurait un intérêt considérable, pour modifier la situation, à encourager les plantations, partout où elles seraient possibles, notamment le long des cours d'eau et dans les lignes de fond, où le sol conserve toujours un peu plus de fraîcheur. L'amélioration des forêts, qui couvrent les hauteurs et protègent tout le bassin contre les vents du Sud, serait le complément nécessaire de ces travaux.

RÉSUMÉ.

Le tableau ci-après résume les renseignements statistiques concernant les bassins compris dans la zone du littoral :

BASSINS	ÉTENDUE territoriale par BASSIN	SURFACES OCCUPÉES PAR LES			BROUSSAILLES
		forêts de l'Etat	forêts des communes	forêts de particuliers	
	hectares.	hectares.	hectares.	hectares.	hectares.
Matrag { Oued El-Kébir	93.015	45 152	729	1.000	5.000
Bou Namoussa	143.999	40.735	469	8.926	21 894
Medjerdah................	150 696	17.318	259	1.174	»
Seybouse..........	607.577	34.582	1.684	13.855	68.329
Oued El-Kébir	168.500	15.859	2.756	67.069	20.935
Saf-Saf..........	144 880	8.925	2.088	8.181	8.000
Oued Agmès. — Oued Bibi. — Oued Oudina	24.948	1.004	»	3.489	4.400
Oued Guebli...........	97.488	20.541	2.203	22.056	2.715
Oued Cherka. — Oued Siel. — Oued Tamanar. — Oued Zoughr...................	32.508	1.963	1.439	13.126	6.470
Rhummel..................	868 840	33.656	2.021	14.387	»
Oued Nil. — Oued Djendjen. — Oued Mencha	98.579	23.538	»	3.051	»
Oued Kissir. — Oued Bourchaïb. Oued-Taza. — Oued Dar-el-Oued. — Oued Ziama........	39.668	19.375	174	2.791	»
Oued Agrioun	63.477	12 326	755	»	»
Oued Zitouna. — Oued Djemaâ. — Oued Affalou. — Oued Houkhasen et Oued Akdou...................	95.055	8.379	418	3.225	»
Oued Summan............	592.985	65.967	2.277	»	»
Oued M'taïda. — Oued Das. — Oued Alouanen.— Oued Saket	39.287	9.392	»	»	»
Oued Mellegue	509.856	77.087	»	»	10.800
Totaux................	3.711.358	435.799	17.272	162.330	148.543
		615.401 hectares.			615.401
		Surface boisée			763.944

Ainsi, dans la zone du littoral, en tenant compte des broussailles et des massifs d'oliviers non soumis au régime forestier, il existe des boisements sur une étendue totale de 763,944 hectares, ce qui correspond aux 20,5 0/0 de la superficie territoriale de cette région. Les forêts domaniales, communales et particulières en occupent les 16,5 0/0.

Ces chiffres indiquent que le littoral algérien est, à peu près, aussi boisé que la France, où, d'après les statistiques officielles, les forêts figurent dans une proportion d'un peu plus de 17 0/0. Cependant on doit reconnaître que le régime des pluies et, encore plus, celui des cours d'eau, diffèrent sensiblement de ceux de la mère-patrie.

Cette différence s'explique ; les courants météoriques qui passent sur la France et y déversent des pluies, à toutes les saisons, ont traversé la Manche, les mers du Nord, l'Océan ou la Méditerranée ; les vents d'Est, en franchissant les Alpes ou la chaîne des Vosges, subissent une diminution de pression, conséquemment, un abaissement de température, propre à déterminer la condensation des vapeurs aqueuses dont ils sont saturés. On conçoit donc que la France reçoive des pluies fréquentes. En Algérie, il n'en est pas ainsi ; les vents qui y amènent la pluie, soufflent du Nord et du Nord-Ouest ; ils se font sentir particulièrement pendant l'hiver, mais, dès le milieu du printemps et pendant l'été, ils sont presque toujours refoulés par des courants contraires, dépourvus de vapeurs d'eau. Aussi, pendant près de cinq mois entiers, la pluie fait défaut ; si elle se produit, ce n'est qu'accidentellement et à la suite d'orages ; en tous cas, elle est toujours locale.

Cet état de choses démontre que le sol du département n'est pas suffisamment protégé contre les rayons du soleil ; qu'il se dessèche rapidement et à une assez grande profondeur, enfin, que, pendant la saison sèche, les vapeurs aqueuses qui peuvent s'en dégager ou être produites directement, par voie d'évaporation, dans les cours d'eau et les nappes d'eau à ciel ouvert, sont insuffisantes pour en saturer suffisamment l'atmosphère et donner naissance à des pluies. La direction des vents ne pouvant être changée, il ne reste, pour chercher à modifier le climat, qu'à employer les moyens les plus propres à abriter le sol, à le saturer d'eau, dans ses couches les plus profondes, et lui permettre ainsi de restituer lentement à l'air l'humidité qui lui fait défaut.

Ces moyens ne peuvent consister que, d'une part, dans l'augmentation des terrains boisés, de l'autre, dans l'amélioration des surfaces de réception, soit en modifiant leur nature, soit en y arrêtant l'écoulement des eaux pluviales.

La création de boisements, par des procédés artificiels, donnerait lieu à des dépenses élevées et peu compatibles avec l'état des finances du Trésor et, encore moins, avec les ressources des particuliers ; elle ne saurait, du reste, produire des effets utiles qu'à la condition expresse de s'étendre sur des surfaces importantes ; sa mise en pratique semble, pour cette raison, devoir être très restreinte et n'être tentée que dans des cas exceptionnels, par exemple, dans certains bassins ou parties de bassin, entièrement dépourvus de bois. Là, des périmètres de reboisement auront le double avantage de modifier l'état météorique et de doter le pays de ressources ligneuses des plus utiles. Hors ce cas, tous les efforts doivent tendre à l'amélioration des massifs actuels.

En première ligne, il importe de conserver précieusement, à la surface du sol, la couche d'humus végétal, qui se prête si merveilleusement, par sa nature spongieuse, à l'absorption des eaux pluviales ; malheureusement, cette couche est anéantie entièrement par les incendies, d'une manière fréquente ; elle exige des années, pour se reconstituer ; de là, l'explication de la réduction du dé bit des sources, quelquefois même de leur disparition, lorsque le feu étend ses ravages dans leur bassin de réception.

Une surveillance rigoureuse, pendant l'été, dans les forêts, l'étude préalable et la mise en vigueur d'un ensemble de mesures, pouvant permettre d'organiser rapidement les secours, de circonscrire les foyers et d'éteindre le feu, doivent donc s'imposer à l'Administration. En évitant les incendies, on arriverait nécessairement, en partie, au but proposé ; en effet, les eaux pluviales, absorbées au fur et à mesure de leur chute, s'infiltreraient lentement dans le sol, y formeraient des nappes souterraines d'approvisionnement suffisantes, pour dégager, pendant la saison chaude et d'une manière continue, des vapeurs aqueuses assez abondantes pour se transformer en pluie, en s'élevant dans l'atmosphère. Dans de telles conditions, le débit des sources, comme celui des rivières et des fleuves, serait régularisé.

Ce triple résultat serait mieux assuré encore, si, dans les principaux ravins, soit dans les massifs boisés, soit au dehors des forêts, des barrages peu coûteux, construits à l'aide de pieux reliés par des clayonnages, consolidés par des blocs de rochers ou des terres, étaient établis à des points convenablement choisis pour arrêter l'écoulement des eaux, briser les chutes ; si, enfin, de chaque côté de ces barrages, sur les versants des montagnes, de petites rigoles, à pentes douces, étaient ouvertes pour détourner le trop-plein de ces petits bassins de captage et le déverser sur les pentes, par des points multiples d'échappement ou par voie d'infiltration.

Ces travaux, d'une exécution facile, indépendamment de la question si grave du régime des pluies et des eaux, touchent, au plus haut degré, à l'économie politique de la colonie; il n'est pas sans intérêt d'entrer dans quelques détails à cet égard.

Un des éléments de prospérité de l'agriculture est l'élevage des bestiaux. Dans le département de Constantine, il constitue pour les indigènes, comme pour les colons, une des branches importantes de leurs exploitations agricoles ; les statistiques établies par le service des Douanes attestent, en effet, l'extension toujours progressive des exportations de bétail, faites tant en France qu'à l'étranger. Or, il n'est pas douteux que les travaux, dont l'exposé sommaire précède, auraient pour résultat d'améliorer les pâturages, d'augmenter la qualité et la quantité des herbages, de leur conserver plus longtemps de la fraîcheur et d'accroître ainsi la richesse des agriculteurs.

Cette question offre un intérêt d'actualité tout particulier. Il est avéré, en effet, que les indigènes ont mis en culture, depuis plusieurs années, une partie importante de leurs terrains de parcours ; il est non moins certain qu'ils ont augmenté considérablement leurs troupeaux ; de là, pour eux, la nécessité de chercher à introduire ces derniers dans les forêts, malgré les interdictions et la surveillance, malheureusement insuffisante, du service forestier. C'est à la satisfaction de ce besoin réel qu'il y a lieu d'attribuer la destruction des semis naturels dans les forêts, notamment les futaies résineuses, ainsi que l'appauvrissement inquiétant des taillis, partout où des exploitations sont faites. C'est sous l'influence de ce même besoin que, sur le littoral tout particulièrement, des incendies sont allumés, soit dans les broussailles, soit dans les forêts elles-mêmes, compromettant sérieusement l'avenir des exploitations de chêne-liége. On peut donc dire, sans hésitation aucune, que les dangers d'incendie, ce fléau des forêts algériennes, seraient atténués, dans une certaine mesure, si, grâce aux travaux indiqués plus haut, la production des herbages, sur une surface donnée, venait à s'accroitre et surtout si les pâturages, devenus plus vivaces par l'augmentation de fraîcheur du sol, pouvaient résister plus longtemps, sans se dessécher, aux rayons du soleil, pendant les grandes chaleurs de l'été. Il est inutile de dire qu'une sage réglementation des pâturages devrait être la conséquence de cet état de choses ; en outre, rien ne s'opposerait, après une étude attentive des besoins des Indigènes, à ce que, dans certains cas, des écobuages partiels fussent autorisés, dans les broussailles sans intérêt, pour y renouveler la végétation herbacée, en partie étouffée par le couvert.

Il est à peine utile de dire que, tout en effectuant les travaux spécialement destinés à assurer un meilleur aménagement des eaux pluviales, il y aura lieu d'améliorer les massifs forestiers par des semis naturels, de repeupler les vides, de régénérer, par des recépages, les peuplements abroutis, en un mot, de chercher, par tous les moyens possibles, à constituer des couverts épais propres à protéger le sol.

Dans ce même ordre d'idées, il y aurait un grand intérêt à effectuer des plantations, le long des grands cours d'eau et même ceux d'une importance secondaire. L'orme, le frêne, les peupliers, l'aune, les saules, les tamaris, s'y développant avec vigueur, protégeraient les berges, couvriraient rapidement les atterrissements. Ces plantations auraient pour résultat d'abriter les cours d'eau, de les empêcher de se dessécher pendant l'été et de contribuer, dans une certaine mesure, par une évaporation moins rapide, mais plus régulière et mieux soutenue, à jeter dans l'air les vapeurs nécessaires à la production de la pluie.

Le cadre restreint de cette étude ne permet point d'entrer, en détail, dans l'examen des travaux de boisement proprement dits. Ces travaux devront faire l'objet de projets spéciaux, muris avec soin, en vue de la détermination des emplacements à adopter, de l'étendue à donner aux périmètres, enfin, au choix des essences les mieux appropriées à la nature du sol, à l'altitude et aux expositions. Il semble suffisant d'indiquer sommairement les points où l'urgence des boisements se manifeste actuellement.

L'étude détaillée des bassins qui précède, démontre que les travaux de l'espèce doivent être entrepris, de préférence, dans le haut des vallées de l'Oued-Cherf, de l'Oued-bou-Hamdam, du Rhummel, de l'Oued-Agrioun et de la Summam.

L'état ci-après indique la situation, la nature et l'étendue approximative des terrains à reboiser, ainsi que le montant des dépenses présumées, tant pour l'expropriation ou l'achat des terrains nécessaires à la formation des périmètres de reboisement qu'à l'exécution même des travaux.

INDICATION DES BASSINS	DÉSIGNATION du territoire — Commune de plein exercice ou tribu	CONTENANCE DES TERRAINS A BOISER			ÉVALUATION DE LA DÉPENSE		OBSERVATIONS
		à l'État	aux communes ou aux tribus	aux particuliers	Frais d'acquisition de terrains aux particuliers	Frais de reboisement	
		hectares.	hectares.	hectares.	francs.	francs.	
Seybouse (Bou-Hamdam).........	Oued-Zenati, Aïn-Abid..	»	450	»	(1) »	112.500	(1) Mémoire.
Bou-Merzouk..	Khonb............	1.743	450	»	»	266.800	
Id......	Khonb, Ouled-Rhamoun.	»	1.068	»	»	149.520	
Rhummel.....	Aïn Smara..........	747	»	»	»	74.700	
Id.	Aïn Tlidin..........	»	259	»	»	25.900	
Id.	Ohateaudun	4.400	9.029	»	»	1.342.000	
Id.	Aïn Mélila	2.965	1.497	»	»	446.200	
Id.	Euimas	»	2.919	»	»	291.900	
Id.	Fedj-Mzala	»	1.100	»	»	110.000	
Oued-Agrioun.......	Takitount-Guergour	»	2.100	»	€	630.000	
	Sétif (commune mixte)..	»	3.676	»	»	1.037.340	
Bou-Sellam.........	Righas Id.	»	2.846	»	»	461.010	
	Aïn-Abessa Id.	»	1.286	»	»	231.480	
Oued-Deheb........	Sétif (commune mixte)..	»	2.100	»	»	445.900	
Oued-Mahadjar......	Bibans Id.	»	345	»	»	69.000	
Oued-Maghir........	Bordj-bou-Arréridj (commune mixte)..........	»	993	»	»	207.075	
TOTAUX..........		9.855	29.618	»	»	5.921.325	

(Bassin : Oued-Kebir (Rhummel))

Surface totale,............. 39.473 hectares.

RÉGION DES CHOTTS.

Cette région embrasse la partie centrale du département de Constantine ou zone supérieure des terrains, que l'on désigne vulgairement sous le nom de Hauts-Plateaux.

Elle offre l'aspect de vastes plaines, plus ou moins mouvementées, délimitées par deux lignes de crêtes la séparant : au nord, des versants méditerranéens, au sud, des versants sahariens. A sa partie centrale, il existe des dépressions généralement assez étendues, dans lesquelles se réunissent les eaux pluviales, qui s'écoulent à sa surface. Les Indigènes désignent ces amas d'eau sous le nom de Chotts. En allant de l'Est à l'Ouest, ces lacs figurent, sur les cartes de l'Algérie, sous les noms suivants : Guerah-el-Tarf, Guerah-el-Gueliff, Guerah-Ank-Djemel, Djenib-Saïda, Djendeli, Msouri, Tinsilt, Chott-el-Beïda, enfin, le Chott-Hodna qui est le plus considérable par son étendue.

Cette région appartient à une même période géologique ; le sol présente, en effet, dans sa composition minéralogique connue, dans sa stratification générale, une analogie frappante.

Dans le bassin de chaque chott, on trouve d'abord, non seulement dans les parties submergées, mais à une certaine distance de leurs bords, des marnes argileuses, de formation lacustre. Au milieu de ces dépôts, surgissent, dans toute la région comprise entre le Guerah-el-Tarf et le Chott-el-Beïda, des îlots plus ou moins considérables de calcaires grèseux et de grès, mêlés de marnes qui représentent l'étage néocomien des terrains crétacés inférieurs ; ces mêmes terrains reparaissent sur les versants, dominant des marnes miocènes. En s'élevant davantage, on traverse les assises puissantes de marnes plus ou moins schisteuses passant à l'état calcaire, des terrains crétacés moyens, enfin, sur les hauteurs, mais sur divers points seulement, des calcaires marneux appartenant aux terrains crétacés supérieurs. Quelques lambeaux de terrain jurassique sont signalés au sud du Chott-el-Hodna. Au nord de ce même chott, les divers cours d'eau qu'il reçoit, prennent naissance dans des marnes et des grès nummulitiques.

Ce mélange de terrains donne lieu à des sols très variables, mais généralement fertiles ; des couches imperméables fréquentes retiennent les eaux pluviales. Aussi, de nombreuses sources existent dans toutes les montagnes et alimentent les cours d'eau, qui se déversent dans les Chotts. Dans les parties basses, des nappes souterraines, à une faible profondeur en général, permettent à la population locale d'habiter les vastes plaines, qui entourent les terrains submergés et d'utiliser les terres et les vastes pâturages qu'elles renferment.

Si on examine les points d'origine des cours d'eau, qui se déversent dans les Chotts, on peut considérer ces derniers comme appartenant à trois bassins distincts : le bassin Est comprend les lacs du Tarf, du Gueliff, le Guerah Ank Djemel et Djenib, les lacs Mzouri et Tinsilt, enfin les Chotts Sokna et Saïda.

Plus à l'Ouest, le Chott El-Beïda et ses annexes forment un petit bassin spécial.

Enfin, à l'Ouest, s'étend le bassin du Hodna, qui reçoit les eaux de toute la région Est du département d'Alger, comprise entre Bou-Saâda et Aumale.

BASSIN EST.

Ce bassin a une étendue approximative de 707,000 hectares. Il est limité, au Nord, par les bassins du Rhummel et de la Seybouse, à l'Est, par la vallée de l'Oued Mellègue, au Sud, par la crête des montagnes des Aurès et à l'Ouest, par la ligne de partage des eaux, très indécise, qui traverse, du Nord au Sud, la vaste plaine de l'Abd-el-Nour.

A l'exception des lacs du Tarf, de Gueliff, de Djendeli et de Tinsilt, qui conservent un peu d'eau, pendant la saison des grandes chaleurs, les autres chotts se dessèchent complètement, pendant l'été ; leurs eaux saumâtres, à un degré variable, donnent naissance, en s'évaporant, à des dépôts de sel qui font l'objet d'exploitations assez productives.

Cette région est généralement malsaine. Pendant l'été, la température y est très élevée ; des terrains submergés qui se découvrent et des vases, déposées par les eaux, se dégagent des miasmes dangereux. Aussi, la population locale y est constamment exposée aux fièvres paludéennes.

Aux abords des Chotts, comme dans les vastes espaces qui les entourent, il n'existe aucune trace de végétation forestière ; les seuls boisements qu'on rencontre, occupent les sommets des petites chaînes montagneuses qui, surgissant çà et là au milieu des plaines, limitent les bassins respectifs des Chotts. Ils se composent exclusivement de chêne-yeuse et de genévrier oxycèdre, généralement dépérissants, par suite des exploitations irréfléchies des indigènes et de l'abus du pâturage. Les forêts véritables sont disséminées sur le périmètre du bassin et sur les versants des montagnes élevées dominant les plaines.

On trouve, au Nord, les massifs isolés du Djebel-Damen, du Guelaâ, Nif-Nseur, du Guerioum, d'Oum-Kecherit et de Sidi-Rgheïs ; à l'Est, ceux des Haractas ; de ces massifs descendent divers cours d'eau dont les plus importants, l'Oued-Feïd, l'Oued-Oulmen et l'Oued-Nini, se déversent dans le lac du Tarf.

Au Sud, s'étendent de vastes forêts qui, sans interruption, à peu près depuis Khenchela jusqu'à Batna, couvrent les versants nord des Aurès, habités par les Amamras, les Beni-Oudjana et les Achèches. De ces montagnes descendent les principaux affluents du lac du Tarf : l'Oued-Meghir, l'Oued-bou-Roughel, l'Oued-Hammam, l'Oued-Roumilia, l'Oued-Ektiba, l'Oued-bou-El Freis.

La limite ouest n'est pas boisée ; ses extrémités s'appuient sur les massifs forestiers du Djebel-Agmerouel et de Tafrent.

Cette distribution des boisements remédie, en partie, à la nudité des plaines ; en effet, les vents chauds et humides, venant du Sud, subissent un abaissement de température marqué en franchissant les Aurès et donnent lieu à des pluies abondantes, qui se déversent jusque dans la plaine. En outre, chaque hiver, ces hautes régions se couvrent de neige.

La chaîne transversale du Bou-Arif et du Fedjoudj produit le même effet, en arrêtant les vents du Nord. Il en est de même de la forêt des Haractas, en ce qui concerne les courants météoriques de l'Est.

Il y a lieu de constater, cependant, que, dans la plaine proprement dite, le régime des pluies est peu régulier : la condensation des vapeurs aqueuses s'effectuant, en majeure partie, sur les montagnes environnantes. Heureusement, l'évaporation des eaux des lacs remédie à cette situation défavorable, par la formation de rosées extrêmement abondantes. Au printemps, ces rosées contribuent puissamment à la réussite des cultures.

De l'examen des cartes forestières du département, il résulte que les forêts dont les eaux se déversent dans cette région, ont une étendue d'environ 97,207 h. 74 réparties de la manière suivante :

Forêts domaniales......... 93.460 h. 74 } 97.207 h. 74.
Forêts communales......... 3.747 » }

Ce chiffre correspond au 13,7 0/0 de la superficie totale du bassin.

Ce degré de boisement est loin d'être suffisant, étant donné l'éloignement des massifs forestiers des parties inférieures et centrales du bassin. D'un autre côté, il y a lieu d'observer qu'en dehors des riches forêts du versant nord des Aurès et de quelques parties seulement de la forêt du Bou-Arif, les autres boisements sont dans un état tel d'appauvrissement que leur action sur l'atmosphère doit être à peu près nulle. Dans de telles conditions, il semble que, pour améliorer le régime des pluies dans cette région et le régulariser, il y aurait lieu, d'une part, de repeupler les terrains qui étaient autrefois boisés et dans lesquels on trouve encore les souches des derniers arbres détruits, d'effectuer autour des Chotts, en dehors de la zone saturée de sels, des plantations en bordure de tamaris, d'aune, de saule et de peuplier, de garnir, également de ces essences, les bords des cours d'eau ; en second lieu, de régénérer, par des recépages, les boisements abroutis et de les compléter par des semis, soit de chêne-yeuse, soit de pin d'Alep, suivant la nature et l'état du sol. Il est hors de doute que ces travaux seraient de nature, sinon à modifier complètement l'état météorologique du pays, du moins, de l'améliorer d'une manière sensible.

L'état ci-après indique, dans cet ordre d'idées, la situation et l'étendue des terrains, dans lesquels les travaux de reboisement et de repeuplement devraient être tentés.

INDICATION DES BASSINS	DÉSIGNATION du territoire commune de plein exercice ou tribu	CONTENANCE DES TERRAINS A BOISER			ÉVALUATION DE LA DÉPENSE		OBSERVATIONS
		à l'État	aux communes ou aux tribus	aux particuliers	Frais d'acquisition de terrains aux particuliers	Frais de reboisement	
		hectares.	hectares.	hectares.	francs.	francs.	
Chott { Tarf.........	Aïn M'lila........	332	»	»	»	332.000	Djebel Tarbent, bois résine.
Gueliff.......	Id.	250	»	»	»	25.000	Djebel Sedjera, Id.
Ankk-Djemel.	Id.	1.000	»	»	»	100.000	Djebel Hanouth, id.
Mzouri.......	Id.	200	»	»	»	20.000	Djebel Goutas, id.
Tinsilt	Id.	180	»	»	»	18.000	Djebel Tarbent, id.
Saïda........	Id.	831	»	»	»	83.100	Djebel Ank Djemel, id.
Sokhna......	Id.	400	»	»	»	40.000	Djebel Fedjondj, id.
Ankk-Djemel et Tarf	Onm el Bouagui ..	2.000	1.000	»	15 fr. l'h.	315.000	Djebel Ergoub, Djebel Si Kalifa, Djebel Ouach.
TOTAUX...........		5.193	1.000	»	»	933.100	

BASSIN CENTRAL

Ce bassin a une étendue d'environ 163,856 hectares. Il est limité : au Nord, par les vallées du Rhummel et du Bou-Sellam, à l'Ouest, par cette dernière vallée, à l'Est, par le bassin dont il vient d'être parlé, au Sud, par celui du Chott Hodna.

Il comprend plusieurs dépressions, dans lesquelles se réunissent les eaux pluviales et qui sont désignés sous les noms de Chott El-Beïda, chott El-Fraïm et Sebkra-El-Hamiet ; dans sa partie nord, il existe encore deux petits lacs, qui reçoivent les eaux descendant des plateaux de St-Arnaud et de Bir-el-Arch. A l'exception du chott El-Beïda qui ne se dessèche que partiellement, tous les autres lacs disparaissent pendant l'été.

Leurs eaux sont salées ; au fur et à mesure de leur évaporation, les terrains mis à nu se couvrent d'efflorescences de sel, qui sont recueillies et livrées au commerce.

Il n'existe aucune trace de boisements dans la partie nord et intérieure de cette région ; les seules forêts qui se rattachent à ce bassin, couvrent les pentes ouest du Djebel Agmerouel et les versants nord du premier rideau des montagnes des Ouled-Sellem. Leur superficie totale est de 5,020 hectares, répartis de la manière suivante :

Forêts domaniales.............. 3.912 h. } 5.020 hectares.
Forêts communales............. 1.108

Le degré relatif de boisement de cette région n'est donc que de 3 0/0. Aussi, est-elle signalée comme très exposée à la sécheresse ; les pluies y sont peu fréquentes et faibles ; les eaux qu'elle reçoit tombent, en grande partie, pendant les gros temps de l'hiver, sous l'influence de vents violents du nord et du Nord-Ouest ; elles sont presque toujours accompagnées de bourrasques de neige ; c'est à cette dernière principalement qu'il faut attribuer l'alimentation des sources, parfois abondantes, qui s'échappent à la naissance des plaines, ainsi qu'aux nappes souterraines qui existent dans l'intérieur du bassin.

La fertilité des terres est, dans ces conditions, assez aléatoire ; aussi, serait-il à désirer, pour modifier cet état de choses, que des plantations fussent faites le long de toutes les lignes de fond descendant de la limite nord de ce bassin, entre St-Arnaud et Bir El-Arch, ainsi que dans les dépressions, où se réunissent les eaux pluviales, au sud de ces deux localités. Il est difficile de déterminer exactement la superficie territoriale, qui devrait être affectée à l'exécution de ces importantes améliorations ; pour en retirer le plus d'avantages possibles, on ne saurait cependant la porter à moins de 500 hectares. La dépense à faire s'élèverait, d'après cette base, non compris la somme à affecter aux achats de terrains, au minimum de 75,000 francs.

Les saules, aunes, peupliers et autres essences à croissance rapide, permettraient de boiser les ravins d'écoulement, les terrains submergés et leurs abords. Le pin d'Alep, par son tempérament rustique, s'implanterait, sans peine, dans les terrains crayeux qui forment, de tous côtés, des îlots impropres à la culture, dans cette région dénudée. Des boisements ainsi constitués, s'ils ne modifiaient point l'état météorique du pays, auraient au moins ce résultat important d'assurer à la population européenne et indigène locale des approvisionnements en combustible de haute valeur, en raison des prix excessifs auxquels elle achète actuellement les bois de feu nécessaires à sa consommation.

BASSIN OUEST.

Ce bassin occupe tout le Sud-Ouest du département de Constantine et s'étend, en grande partie, dans le département d'Alger. Il est limité : au Nord, par les crêtes circonscrivant le haut des vallées de l'Oued-Maghir, l'Oued-Mahadjar et du Bou-Sellam ; à l'Est, par le bassin est des Chôtts et les Aurès ; à l'Ouest, par le département d'Alger ; au Sud, par ce même département : la ligne de partage des eaux traversant le territoire des Saharis et se reliant à celle du Djebel-Metlili.

La surface comprise entre ces limites est d'environ 4,295,600 hectares.

Pendant l'hiver, lorsque les eaux ont atteint leur maximum de hauteur, elles forment une nappe, d'une très grande étendue ; on peut l'évaluer à environ 60,000 hectares.

Pendant l'été, elle se réduit considérablement, par suite de l'évaporation ; au fur et à mesure du retrait des eaux, le sol se couvre de dépôts cristallins de sel, qui font l'objet d'un certain commerce avec les tribus sahariennes.

De nombreux cours d'eau se déversent dans ce chott ; les principaux sont : au Nord, l'Oued-el-Ham qui descend, en partie, du territoire des Ouled-Si-Hadjeres, du département d'Alger, en partie, des montagnes de l'Ouennougha, l'Oued-Beïda, l'Oued-Ksob, dont la source principale remonte jusqu'à Bordj-bou-Arréridj, les Oued Dahab et Selman, venant des Mahdids et des Ayades ; l'Oued-Sidi-Alma, l'Oded-Sidi-Maïa, l'Oued-Menaffa, descendant tous trois des montagnes des Ouled-Hannech, l'Oued-Soubella dont les sources s'échappent du versant nord du grand massif forestier des Righas. Enfin, l'Oued-Guérini, dans lequel se déversent toutes les eaux du versant sud du Bou-Thaleb.

A l'Est : l'Oued-Naïl, l'Oued-Barika qui prend sa source à l'extrémité est de la plaine du Belezma ; puis l'Oued-Bitam, qui remonte jusqu'aux crêtes boisées de cèdres de la Mérouana. Ce dernier cours d'eau se déverse dans un petit chott, d'environ 5,000 hectares, situé à la suite et à l'est du Chott-Hodna ; il n'en est séparé que par une ondulation du sol, d'une largeur d'environ six kilomètres.

Au Sud : l'Oued-Melah, qui prend sa source chez les Ouled-Naïl-Chéraga, l'Oued-bou-Sàada.

A l'Ouest : les Oued-Attala et Korraïa.

Cet immense bassin de réception ne renferme de boisements que sur son périmètre nord et est ; au Sud, un seul massif, d'une étendue de 726 hectares, est à signaler dans le département d'Alger, sur le versant nord du Djebel-

Bouagrid. Dans toute sa partie centrale, il n'existe aucune trace de végétation forestière.

Les forêts qui s'échelonnent sur les versants sud de la grande chaîne montagneuse reliant l'Ouennougha au Belezma et aux Aurès, ont une extrême importance, au point de vue météorique ; elles atteignent, en effet, des crêtes d'une altitude qui est bien rarement inférieure à 1,000 mètres. Par la température, relativement basse, qu'elles maintiennent à toutes les saisons, elles refroidissent tous les courants qui les traversent et déterminent la formation de pluies abondantes, dans les régions environnantes. Chaque hiver, ces hautes crêtes se couvrent de neige qui, en se fondant, contribue, en grande partie, à remplir les chotts. Malgré cette influence bienfaisante, les pluies sont peu fréquentes et de courte durée dans la plaine ; elles l'atteignent seulement lorsque les vents du Nord ou du Nord-Ouest les entraînent au loin ; aussi, le régime des cours d'eau, dans cette vaste région, est extrêmement irrégulier. Il en est de même des productions de la terre ; quand les années sont pluvieuses, les récoltes sont belles sur les versants et dans les terrains les plus rapprochés des montagnes ; mais, dans la plaine, elles manquent en partie, parfois même entièrement, notamment lorsque les vents du Sud se font sentir au printemps, ou quand la pluie fait défaut, au moment des labours. Aussi, des étendues considérables sont incultes et frappées de stérilité.

La main de l'homme pourrait-elle, par des reboisements, modifier sérieusement cet état de choses ? On ne saurait se faire illusion à cet égard ; on doit reconnaître son impuissance, en présence de l'œuvre immense de restauration qu'il faudrait entreprendre. Des périmètres restreints seraient probablement créés en pure perte ou sans résultat appréciable ; ils nécessiteraient, du reste, des dépenses hors de proportion avec la valeur du sol à transformer. Le Hodna ne semble donc devoir être fertilisé que par la construction de grands barrages qui retiendraient les eaux, descendant dans les chotts et permettraient ainsi d'irriguer des étendues considérables et de remédier à l'insuffisance et à l'irrégularité des pluies.

Dans de telles conditions, tous les efforts doivent tendre exclusivement à la conservation et à l'amélioration progressive des grands massifs forestiers, dont il a été parlé précédemment ; on ne saurait oublier qu'ils abritent toute la zone du littoral contre les vents brûlants du Sud et qu'à ce titre, il importe de les protéger contre les causes de destruction multiples auxquelles ces forêts sont exposées. Les incendies étant heureusement rares dans cette région, les mesures à prendre devront avoir principalement pour objet d'assurer la régénération des massifs, au fur et à mesure de leur mise en exploitation, de les compléter, par des repeuplements artificiels, partout où cela sera reconnu utile.

Une réglementation rigoureuse des droits d'usages, notamment du pâturage, la suppression des délivrances jardinatoires, malheureusement motivées par la routine des indigènes, la recherche des moyens propres à amener ces derniers à employer des bois mûrs, en les débitant et les façonnant, au lieu et place des arbres jeunes qui représentent l'avenir des forêts, enfin, une répression sévère des défrichements sont les points sur lesquels l'attention doit se porter, en première ligne.

On ne saurait trop insister à ce sujet, car déjà, en bien des endroits, les forêts de la chaîne montagneuse, qui s'étend au nord du Hodna, se sont très appauvries, à la suite des exploitations qui y ont été pratiquées. Telles sont celles de Mahadids, où la population européenne de Bordj-bou-Arréridj a puisé à pleines mains, celles du Bou-Thaleb et des Ouled-Ali-ben-Sabor, qui ont fait face à tous les besoins de la colonisation de l'arrondissement de Sétif, enfin le Belezma, dont les forêts séculaires de cèdres disparaissent peu à peu. Dans ces massifs importants, la régénération fait à peu près défaut, il y a là un véritable danger, pour l'avenir, qu'il importe de signaler.

Les forêts appartenant à la partie du bassin du Hodna, comprise dans le département de Constantine, ont une superficie totale de 111,566 hectares, qui sont répartis de la manière suivante :

Forêts domaniales	104,376 h.	} 111,566 hectares.
Forêts communales	7,190 h.	

Le bassin du Hodna ne renferme de boisements, d'après ce chiffre, que sur les 8,6 0/0 de sa superficie.

VERSANTS SAHARIENS.

Le département d'Alger s'étend, au sud-ouest du département de Constantine, sur une longueur, à vol d'oiseau, de 70 kilomètres environ. Il résulte de cette disposition que les versants sahariens prennent naissance, dans ce dernier département, un peu à l'ouest de Biskra et s'étendent jusqu'à la frontière tunisienne.

Leur développement est très considérable ; ils remontent, en effet, jusqu'à Batna, à la ligne de faîte des Aurès et à une faible distance de Tebessa.

De nombreux cours d'eau les sillonnent et viennent se jeter dans le Chott Melrir et la série des dépressions, qui s'échelonnent jusqu'au Chott El-Tarsa. Les plus importants sont : l'Oued-Biskra, l'Oued-Abdi, l'Oued-el-Abiod, l'Oued-el-Arab, l'Oued-bou-Dokhan, l'Oued-Halleil, l'Oued-bou-Salah et l'Oued-Elma-el-Abiod. Leur superficie, limitée à la naissance de l'immense plaine qui s'étend à leur pied, est d'environ 1,485,000 hectares.

Dans les Aurès, le sol est extrêmement accidenté ; les énormes contreforts qui séparent les vallées, leur altitude, l'état de dislocation des roches dont les débris sont épars sur les pentes, présentent une idée exacte de la puissance du soulèvement, qui a donné naissance au relief de cette région. Le Djebel-Chelia en est le point culminant ; son altitude est de 2,320 mètres.

Au-delà du massif proprement dit des Aurès, les mouvements de terrain s'adoucissent et, en atteignant Khenchela, se transforment en plateaux, à pentes généralement douces, qui se prolongent au sud de Tebessa, jusqu'à la frontière tunisienne.

Dans leur ensemble, ces versants appartiennent, au point de vue géologique, à la période crétacée. Au-delà des marnes et poudingues, de formation lacustre, qui les entourent à leur base, on trouve d'abord les marnes et les calcaires gréseux, mêlés d'assises de grès, des terrains crétacés supérieurs. Ce premier étage apparaît un peu au-dessous du village d'Aïn-Touta, s'étend sur les deux rives de l'Oued-Fedja, jusqu'à l'îlot jurassique d'El-Kantara et remonte, dans la direction de l'Est, jusqu'à la crête limitant le bassin de l'Oued-Abdi (rive droite). Il reparaît, dans la vallée de l'Oued-el-Abiod, forme la base du massif de l'Ahmar-Kaddou, du Djebel-Cherchar et constitue, à peu près seul, le relief de toute la région sud de Tebessa.

En s'élevant davantage, on rencontre d'abord les marnes noires, plus ou moins schisteuses, passant à l'état de calcaires noduleux ou schisteux, qui caractérisent les terrains crétacés moyens ; puis, sur les hauteurs, les marnes calcaires et les grès des terrains crétacés inférieurs. Ce dernier étage occupe les points les plus élevés de la chaîne, le Djebel-Nouris, le Djebel Chélia ; il forme, également, à peu près en entier, le grand contrefort qui, descendant du Djebel-Ichmoul, sépare l'Oued-El-Abiod de l'Oued-Abdi. Des lambeaux de marnes rouges, passant à des poudingues et à des grès de formation miocène, apparaissent au-dessous d'El-Outaïa, sur les deux rives de l'Oued-el-Kantara et de l'Oued-Abdi ; on retrouve également ce même terrain au sommet du Djebel-Metlili et, en bande étroite, sur la rive droite de l'Oued-el-Abiod.

Cet état géologique et minéralogique du sol explique le régime irrégulier des eaux. Malgré la neige qui, pendant l'hiver, en recouvre la surface d'une couche épaisse, le débit des rivières est très variable ; les eaux pluviales s'écoulent rapidement, en donnant naissance à de vrais torrents ou pénètrent à une grande profondeur dans le sol. Aussi, pendant l'été, le lit de tous ces cours d'eau est à sec, bien au-dessus de la naissance de la plaine. Dans les parties hautes, on y trouve de l'eau, mais en quantité relativement peu importante. Elle est utilisée, avec intelligence, par la nombreuse population qui habite ces montagnes, pour l'irrigation de ses terres et de ses jardins fruitiers. Les vallées de l'Oued-Abdi et de l'Oued-El-Abiod doivent, à ce point de vue, être citées en première ligne. Les sources sont assez nombreuses, quelques-unes sont remarquables par l'abondance de leurs eaux. Telles sont l'Aïn-Bouzina, Aïn-Rouman, Aïn-Si-Fatalah.

La région Est est moins favorisée ; aussi est-elle presque déserte ; ses seuls habitants sont des fractions nomades, qui n'y apparaissent qu'à la saison des labours et des moissons. Puis, elles émigrent dans le Sud où elles se cantonnent pendant l'hiver.

Au point de vue forestier, cette région se partage en deux zones distinctes ; la première, comprenant la totalité des terrains crétacés supérieurs et la partie inférieure des terrains crétacés moyens, est entièrement dénudée. Le sol y est aride et à peu près complètement inculte. La seconde, au contraire est presque entièrement boisée ; le chêne-yeuse et surtout le pin d'Alger y constitue des massifs extrêmement étendus ; le cèdre occupe les hauteurs où il forme des futaies séculaires, d'une richesse considérable, et de la plus belle végétation.

Ces boisements occupent tout le versant Sud du massif de l'Aurès, depuis Batna jusqu'à Khenchela. Il n'existe qu'une seule lacune formée par la petite vallée de l'Oued Bouzina, affluent de l'Oued-Abdi, où il ne reste que des broussailles éparses de chêne-yeuse et de genévrier.

Au-delà de Khenchela, apparaissent les immenses pâturages des Nemenchas, véritables steppes, au-delà desquels on ne trouve de nouvelles forêts que dans la partie haute du bassin de l'Oued Elma-el-Abiod et le long de la frontière tunisienne.

Ces boisements occupent une étendue totale de 263,410 hectares, qui sont répartis de la manière suivante :

Forêts appartenant ou à attribuer à l'Etat... 258.483 h. } 263.410 h.
Forêts communales.......................... 4.927 h. }

ce qui représente 47,7 0/0 de la superficie totale des versants.

Ces boisements jouent, au point de vue météorique, un rôle identique à celui des massifs forestiers du bassin nord du Hodna. Les observations relatives à ces derniers doivent donc leur être appliquées ; ils constituent une vaste barrière, qui paralyse les effets des vents venant du Sahara et qui protège, d'une manière heureuse, toute la région nord du département de Constantine. Leur action consiste, non seulement à affaiblir le siroco et à abaisser sa température, mais aussi à ralentir sa vitesse initiale et à l'empêcher de refouler les vents humides et frais de la Méditerranée ou de l'Océan, dont les influences sont si salutaires pour le Tell. C'est assez dire qu'on ne saurait trop prendre de précautions, pour en assurer la conservation et le maintien en bon état. Leur éloignement les rend actuellement à peu près inexploitables ; de longtemps encore, selon toute probabilité, la colonisation ne pourra utiliser le matériel immense qu'ils renferment. Il suffira donc de les mettre à l'abri des jouissances abusives des indigènes et principalement de leur tendance, si développée depuis quelques années, à se créer des terres de culture, au détriment des terrains boisés. Dans cette région, le territoire des Ouled-Daoud offre le spectacle le plus frappant de ces dévastations ; ce territoire était complètement boisé ; aujourd'hui il ne reste que des lambeaux de forêts, sur les points où le sol, par sa nature rocheuse, ne permettait pas sa mise en culture. Sur la moitié, ou tout au moins le tiers des terres cultivées, on retrouve encore les souches des arbres abattus et sur lesquelles ces derniers ont été brûlés, pour leur faire perdre toute vitalité ou force de reproduction.

L'état politique du pays a motivé la distraction du régime forestier de la majeure partie de ces forêts. Il y a tout lieu de penser que le Commandement, qui en a la surveillance exclusive aujourd'hui, profitera des pouvoirs discrétionnaires dont il dispose, pour les mettre à l'abri de toute cause de destruction ; on ne saurait trop le répéter, de leur conservation dépend l'avenir agricole et la prospérité du département de Constantine.

CONCLUSIONS

De cette étude, il résulte que la création de périmètres de reboisements n'est nécessaire que dans les bassins du Rhummel, de l'Oued-Agrioun et dans la région Est des Chotts. Il en ressort, en outre, que les forêts du département exigent toutes, dans leur ensemble, des améliorations importantes.

L'Administration appréciera dans quelle mesure l'exécution des travaux pourra être assurée, soit pour faire revivre les forêts détruites, soit pour améliorer celles qui existent encore, soit enfin pour obtenir un meilleur aménagement des eaux.

On ne saurait se dissimuler qu'avec les ressources budgétaires actuelles, la réalisation d'une œuvre, aussi considérable, serait matériellement impossible. D'après les évaluations consignées dans les tableaux qui précèdent, les reboisements à entreprendre nécessiteraient une dépense de 6,854,425 fr. au minimum, non compris les sommes à affecter à l'achat des terrains. D'un autre côté, il y a lieu de remarquer que, sur les 1,103,446 hectares qui représentent la surface totale des forêts du département, 905,777 appartiennent à l'État.

En admettant que des repeuplements ne soient, dès maintenant, nécessaires que sur la moitié de cette étendue, c'est-à-dire sur 452,888 hectares, il faudrait néanmoins leur consacrer, à raison de 3 francs par hectare, chiffre adopté en France pour les travaux de l'espèce, une somme annuelle de 1,358,664 francs.

Les travaux de reboisements pourraient être répartis sur une période de 20 ans. La dépense annuelle se trouverait ainsi réduite à 342,721 francs ; néanmoins, même dans cette condition d'exécution, il serait nécessaire de grever le budget, au titre du matériel, d'une somme de 1,704,385 francs, pour le département de Constantine seul.

Il est douteux qu'une charge aussi lourde puisse être imposée au Trésor. Une seule circonstance pourrait le permettre, ce serait d'équilibrer cette dépense par une augmentation de recettes. Ce résultat pourra être atteint, quand l'achèvement du réseau des voies ferrées du département permettra, par une augmentation dans les exportations, de donner plus d'extension aux exploitations, lorsque surtout les forêts de chênes-liège, dont l'État est encore propriétaire, seront en pleine voie de production. Ces forêts ont une étendue de 167,930 hectares ; aménagées à une révolution de 10 ans, elles permettraient de livrer annuellement au commerce les produits du dixième de cette superficie, c'est-à-dire de 16,793 hectares, dont la valeur, sur pied, ne saurait être inférieure à trois millions de francs, en chiffres ronds. Un revenu annuel aussi considérable permettrait l'exécution de tous les travaux nécessaires, tout en augmentant, d'une manière appréciable, les ressources de l'État. La mise en rapport, à bref délai, de toutes les forêts de chêne-liège est donc le premier pas à faire dans l'œuvre de la restauration des forêts, qui touche, à un si haut degré, à l'avenir de l'Algérie et à la richesse publique.

Constantine, 1er avril 1885.

Le Conservateur des forêts,
CALINET.

ALGÉRIE

SERVICE DES FORÊTS

PROVINCE DE CONSTANTINE

APPLICATION DE LA CIRCULAIRE GOUVERNEMENTALE

DU 7 FÉVRIER 1884

DÉSIGNATION DES BASSINS	SUPERFICIE totale de chaque Bassin	CONTENANCE DES TERRAINS DÉJÀ BOISÉS				CONTENANCE DES TERRAINS À BOISER (ou sous-ensemble)			ÉVALUATION DE LA DÉPENSE		OBSERVATIONS
		À L'ÉTAT	AUX COMMUNES OU TRIBUS		Aux particuliers	À L'ÉTAT	AUX COMMUNES OU TRIBUS	AUX PARTICULIERS	FRAIS	FRAIS	
	HECTARES	HECTARES	HECTARES	HECTARES	HECTARES	HECTARES	HECTARES	HECTARES	FRANCS	FRANCS	
					RÉGION	**NORD**					
Mafrag	227.013	65.687	1.496	25.894	5.965	»	»	»	»	»	
Medjerdah	150.896	17.318	759	»	1.174	»	»	»	»	»	
Seybouse	507.577	34.682	1.684	66.025	12.855	»	466	»	Mémoire	112.500	
Oued el Kebir (Rhumel)	1.087.340	49.615	4.771	20.925	51.456	9.555	16.422	»	Mémoire	3.172.950	
Saf-Saf	144.682	8.975	5.088	8.000	5.101	»	»	»	»	»	
Oued Agmès, Oued Bibi, Oued Oudica	24.942	1.004	»	5.400	3.480	»	»	»	»	»	
Oued Guebli	97.485	50.541	2.503	2.711	22.656	»	»	»	»	»	
Oued Cherza, Oued Biel, Oued Tamabar, Oued Zougir	95.508	1.953	4.436	6.470	12.126	»	»	»	»	»	
Oued Nil, Oued Djoudias, Oued Mereba	98.575	29.538	»	»	6.061	»	»	»	»	»	
Oued Kisair, Oued Bourchaïb, Oued Taza	39.686	19.275	174	»	5.791	»	»	»	»	»	
Oued Dar-et-Oued, Oued Zismra	63.477	12.226	755	»	»	»	2.109	»	Mémoire	630.000	
Oued Agrioun	»	»	»	»	»	»	»	»	»	»	
Oued Zitouna, Oued Djemaâ, Oued Affalou, Oued Noukhasas et Oued Azedou	15.056	5.379	418	»	5.225	»	8.548	»	Mémoire	2.005.905	
Hommam (Oued Sahel et Bou Sellam)	502.965	88.967	2.377	»	»	»	»	»	»	»	
Oued M'laïda, Oued Das, Oued Aïouanen, Oued Saket	39.297	9.692	»	»	»	»	»	»	»	»	
Oued Mellegue	509.850	72.065	»	10.860	»	»	»	»	»	»	
TOTAUX	3.721.350	435.799	17.273	146.543	162.280	9.555	29.648	»	Mémoire	5.921.375	
				RÉGION	**INTERMÉDIAIRE**	**OU DES CHOTTS**					
Bassin de l'Est	70.790	93.460	3.717	»	»	5.193	1.000	»	15.000	933.100	
Bassin central	153.866	3.912	1.198	»	»	»	500	»	Mémoire	75.000	
Bassin de l'Ouest (Hodna)	1.295.600	104.376	7.120	»	»	»	»	»	»	»	
TOTAUX	1.520.155	201.748	12.035	»	»	5.193	1.500	»	15.000	1.008.100	
				RÉGION	**SAHARIENNE**						
	»	268.483	4.927	»	»	»	»	»	»	»	

ÉTAT RÉCAPITULATIF

Des contenances en terrains déjà boisés, en terrains à
boiser, et terrains boisés à acquérir, avec évaluation de
la dépense qu'entraînerait l'opération du reboisement.

PROVINCES ET CONSERVATIONS	SUPERFICIE TOTALE de chaque bassin	CONTENANCE DES TERRAINS DÉJÀ BOISÉS appartenant				CONTENANCE DES TERRAINS À BOISER et DES TERRAINS BOISÉS À ACQUÉRIR			ÉVALUATION DE LA DÉPENSE		OBSERVATIONS
		À L'ÉTAT	AUX COMMUNES OU TRIBUS		AUX PARTICULIERS	À L'ÉTAT	AUX COMMUNES OU TRIBUS	AUX PARTICULIERS	FRAIS d'acquisition de terrains aux particuliers	FRAIS de reboisement	
			régulièrement soumis au régime forestier	Broussailles non encore soumises au régime forestier	Terrains non soumis et franges de reboisement et défrichement						
	HECTARES	HECTARES	HECTARES	HECTARES	HECTARES	HECTARES	HECTARES	HECTARES	FRANCS	FRANCS	
RÉGION NORD											
ALGER	3.254.730	351.912	22.793	4.897	87.010	1.027	4.827	12.930	661.600	638.100	Soit 103.370 hectares à boiser, dépense évaluée à 15.501.935 francs.
ORAN	2.499.784	615.326	19.604	85.027	50.086	14.017	12.704	17.398	445.300	7.716.600	
CONSTANTINE	3.711.358	425.799	17.272	148.843	152.330	9.855	29.618	»	»	5.921.325	
TOTAUX	9.765.892	1.403.037	59.669	238.897	289.426	24.899	47.149	30.328	1.107.900	14.174.025	
RÉGION INTERMÉDIAIRE OU DES CHOTTS											
ALGER	»	327.370	»	»	»	»	»	1.000	10.000	550.000	Soit 7.495 hectares à boiser, dépense évaluée à 1.593.100 francs.
ORAN	»	80.000	»	»	»	»	»	»	»	»	
CONSTANTINE	»	201.748	17.035	»	»	5.192	1.500	»	15.000	1.905.100	
TOTAUX	»	609.118	17.035	»	»	5.193	1.500	1.000	25.000	1.558.100	
RÉGION SAHARIENNE (Partie)											
ALGER	»	»	»	»	»	»	»	»	»	»	NOTA. — Il n'est pas tenu compte, dans les chiffres mentionnés au présent tableau, des travaux d'amélioration exécutés au moyen des allocations inscrites annuellement au budget.
ORAN	»	»	»	»	»	»	»	»	»	»	
CONSTANTINE	»	258.483	4.927	»	»	»	»	»	»	»	
TOTAUX	»	258.483	4.927	»	»	»	»	»	»	»	

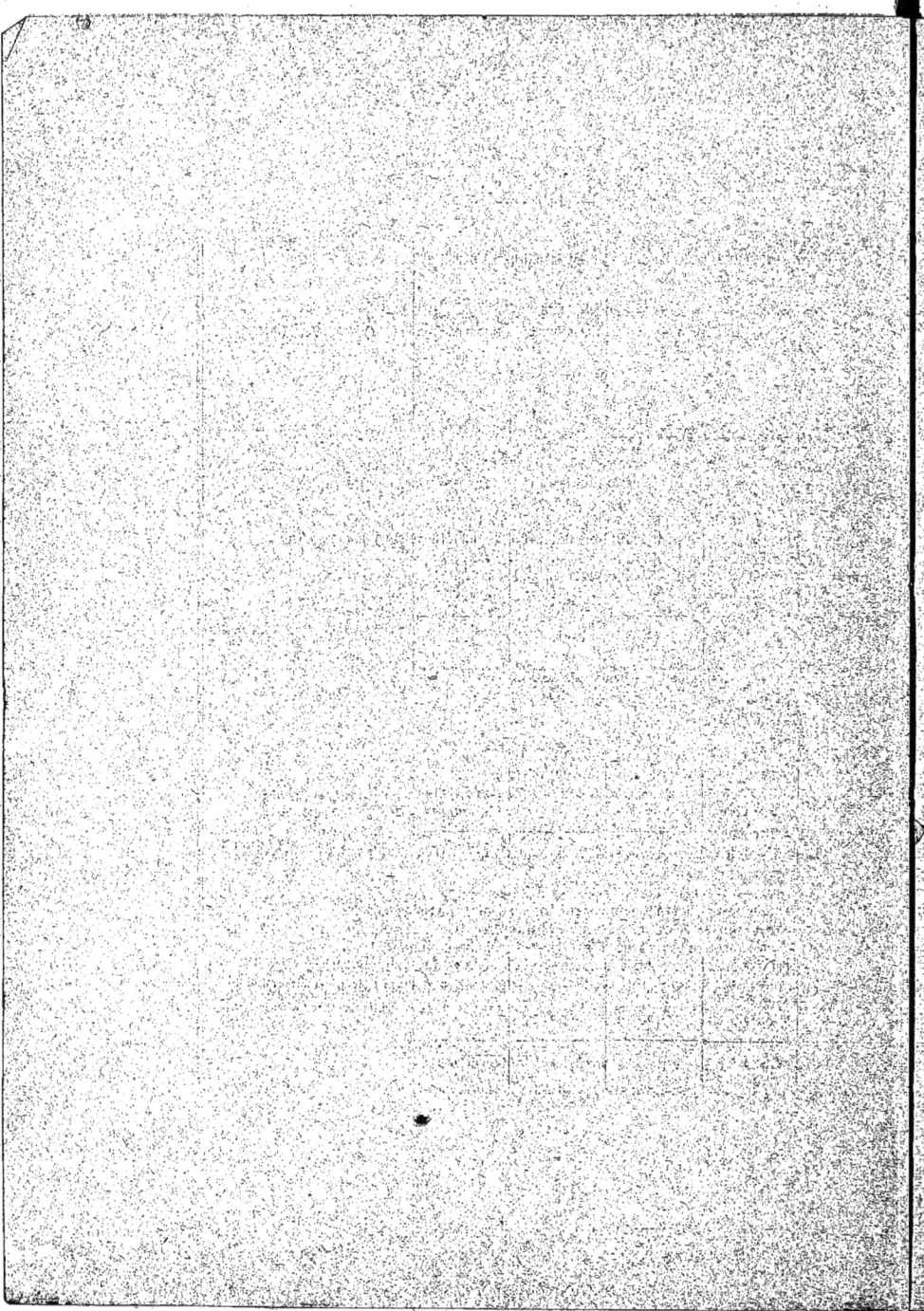

TABLE DES MATIÈRES

———

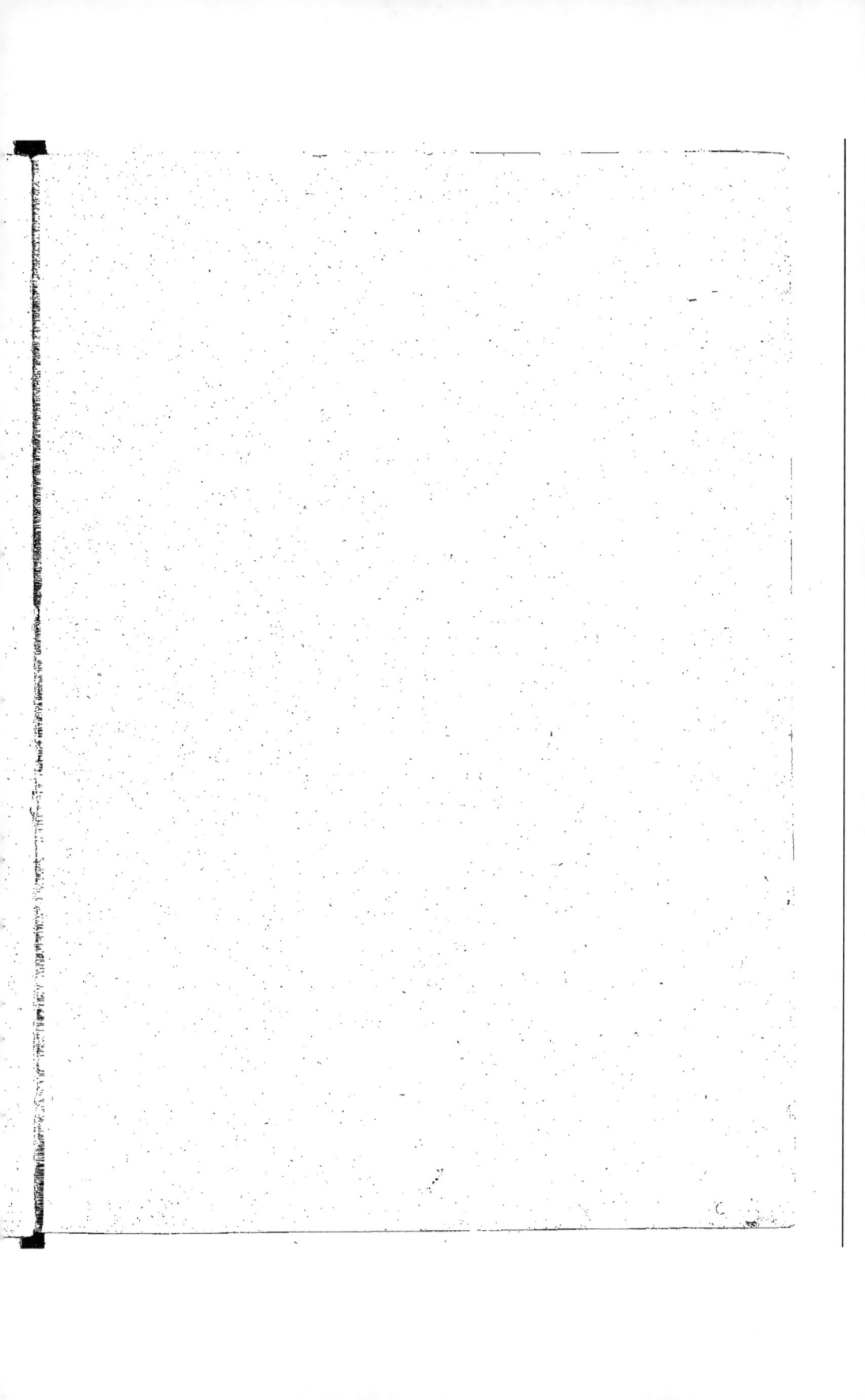

www.ingramcontent.com/pod-product-compliance
Lightning Source LLC
Chambersburg PA
CBHW071215200326

41519CB00018B/5529